U0322429

园林文化与管理丛书

大家说园

《景观》文摘珍藏本

陶鹰 编著

中国林业出版社

《景观》杂志

题　字	沈　鹏	
主　管	北京市公园管理中心	
主　办	北京市公园绿地协会	
协　办	颐和园公园管理处　天坛公园管理处　北京动物园公园管理处	
	柳荫公园管理处　　北海公园管理处　紫竹院公园管理处	

高级顾问	高占祥　谢凝高　俞孔坚　张启翔　郑易生
法律顾问	杨　磊

名誉主编	郑西平　郑秉军
主　编	张　勇
副主编	刘　英　王忠海　强　健　廉国钊　杨　月　高大伟　李炜民
	孙旭光　阙　跃
编　委	王鹏训　杨晓东　赵世伟　梁成才　高兴春　沙海江　张小龙
	吴　燕　王金兰　吴兆铮　陈志强　刘耀忠　曹宇明　田锦秞
	王迪生　荣学强　高连发　孔庆远　刘　卉　申荣文　孙仲秀
	董玉峰　沈树祥　石　越　李树才　李长春　曹洪利　刘明利
	郑永喜　郝卫兵

执行主编	景长顺
执行副主编	尹俊杰
编辑部主任	姚天新
高级编辑	陶　鹰
编　辑	崔雅芳
编　务	王　芳　杨　杰

《景观》编辑部电话（010）8841 2859　北京市公园绿地协会电话（010）6873 1008

园林文化
与管理丛书

大家说园

《景观》文摘珍藏本

序

今年适逢《景观》杂志创刊十周年。

十年前，当她刚刚蹒跚学步时，便得大家的携手，一步一步向着成熟走去。在创刊号里，时年七十有九的园林专家李嘉乐，就向《景观》杂志广大读者分享了他对园林事业的现状和未来发展的独到见解，给《景观》杂志送上了一份厚重的生日礼物。接下来，汪光焘、高占祥、孟兆祯、吴良镛、罗哲文、陈俊愉、舒乙、檀馨等，一连串如雷贯耳的名字以及他们给《景观》所带来的园林理念、思想，在《景观》杂志中熠熠生辉；张光汉、李逢敏、陈向远、刘秀晨、张树林、马文贵、程绪珂、耿刘同、张佐双、刘少宗、袁世文等，一大批新中国成立以来一直奋斗在园林战线上的老前辈和老专家，为《景观》读者描绘了六十多年来我国园林事业波澜壮阔的发展轨迹；谢凝高、万依、李雄、唐学山这些专家学者，让大读者分享了学界的园林理论和前沿新知；郑秉军、李炜民、黄大维、阚跃、王维生、吴兆铮、杨晓东、赵世伟这些活跃在当代园林事业领域里的管理者，则为同仁们带来了公园管理与创新的宝贵经验；还有一批其他领域里的大家们，比如日本人濑在丸孝昭、北京阳光鑫地置业有限公司总经理刘艳霞、著名作曲家乔羽、北京晶丽达集团的总经理曹俭、国际友好联络会副会长李长顺、国际知名青年建筑设计师马岩松等，他们通过各种努力，把自己的事业与中国的园林事业实现了无缝对接……总之，这些大家们将自己人生最宝贵智慧与见解向《景观》读者做了无私奉献。

《大家说园》通过对几十位大家的采访，追溯了自古以来我国园林的诞生与发展，显现了建国以来我国园林事业发展的轨迹，折射了六十多年来公园园林事业所走过的曲折道路，所经历的风雨坎坷，揭示了园林之兴废与国家之盛衰的客观规律，浓缩了我国园林大家们的创造智慧和技能水平，也展现了当今盛世我国园林事业所取得的辉煌成就……这些真知灼见与宝贵经验，必将予后人以深刻的启迪，并成为后世的珍贵史料。

今天，当我们回首《景观》走过的十年，一位位大家再次向我们走来，已故的，音容笑貌永留《景观》；仍然活跃在园林领域的，奋发有为，正在为我国园林事业的今天和未来描绘更加宏伟瑰丽的蓝图，为《景观》杂志增添更加丰富的题材。

我想借《大家说园》这个窗口，向这些大家们致敬，并感谢他们用自己的才智和人生，为新中国的园林事业所做出的足以载入史册的贡献！

北京市公园管理中心党委书记

《景观》杂志名誉主编

2014 年春

前　言

　　《大家说园》，是一本当代园林界各位大家的思想、理念、智慧、见解、风采、轶事的集萃。这里的"大家"不是广义上的大众群体，而是特指园林界那些学识渊博、视野开阔、德高望重的大专家。

　　《景观》杂志走过 10 年办刊历程了。在这 10 年中，《景观》杂志记者先后对 40 位我国园林界的老前辈，迄今仍活跃在园林领域杰出的专家、学者、管理者以及为我国园林事业做出特殊贡献的人物进行了采访，他们各抒己见畅谈自己的园林思想、观点、认识、见解以及建园理念和管理经验，以帮助《景观》读者开阔视野，增长知识，提升认识，更好地指导和服务于公园工作与景观建设。

　　《大家说园》的编撰，按照内容分类，将那些对我国园林事业的发展产生过重大影响、具有重大推动作用的人物，归类于《大家风采》栏目，其中荟萃了本刊对原建设部部长汪光焘、两院院士吴良镛、原国家文物局专家组组长罗哲文、原国务院参事刘秀晨、北京故宫博物院研究员万依等的采访；将那些对我国园林事业有着科学独到的见解、提出过具有创新价值的理论和建议的大家们，归类于《大家之见》栏目，荟萃了本刊对中国工程院院士孟兆祯、工程院院士陈俊愉、全国政协委员舒乙、北京大学世界遗产研究中心主任谢凝高、原北京园林设计研究院副院长檀馨等的采访；而将当前活跃在我国公园事业前沿，对公园管理和文化建设做出过和正在做出突出贡献的精英们，归类于《大家建园》栏目，荟萃了本刊对北京市公园管理中心总工程师、中国园林博物馆筹备办副主任、馆长李炜民、广东丹霞山管理委员会主任黄大维、厦门白鹭洲开发建设公司总经理、篥笃书院董事长王维生等的采访；同时，本书还汇集了自中华人民共和国成立以来，长期辛勤耕耘在我国园林领域中的老前辈们及其事迹和贡献，并将他们归类于《大家忆往》栏目，此栏目荟萃了对原北京市园林局党委书记张光汉、原北京市市政管理委员会副主任李逢敏、原北海景山公园管理处主任马文贵、原北京市园林局副总工程师刘少宗等的采访；此外，本书还将《景观》杂志对行业外那些热爱园林事业、积极为园林事业无私奉献的、活跃在各行各业的杰出人物的采访进行了荟萃，他们被归类于《大家轶事》栏目，其中包括原文化部部长高占祥、日本樱花友好使者濑在丸孝昭、著名作曲家乔羽、北京阳光鑫地置业有限公司总经理刘艳霞、北京晶丽达集团的总经理曹俭、国际友好联络会副会长李长顺以及国际知名的青年建筑设计师马岩松等。与此同时，本书还展示了当前奋斗在公园领域中的优秀管理者的风采，如原北京市公园管理中心党委书记郑秉军、原颐和园园长阚跃、北京市动物园园长吴兆铮、北京市植物园园长赵世伟等。

《大家说园》的读者对象包括园林界、学术界、管理界人士以及所有热爱园林事业的人。我们期盼这本书能够为广大读者带去知识、带去见闻、带去心灵的享受。

编著者

2014 年春分

目 录

园林文化与管理丛书

大家风采

◎汪光焘

部长锵锵说园林
——建设部部长汪光焘采访记

国家建设部本来就担负着纷繁复杂的城乡建设管理工作，要采访汪光焘部长可真非易事。前两次预约的采访，都因汪部长有重要会议而告吹；第三次相约终于成功。他利用工作间隙，抽出仅有的半个小时时间，接受了我们的采访。畅谈了他对园林建设管理等相关问题的理念和主张。

和谐是园林的主题

2001年，国务院召开全国园林绿化工作会议以来，我国的园林绿化事业有了长足的发展。国家建设部先后出台了创建生态园林城市，创建园林县城，创建国家重点公园，建设城市湿地公园，加强公园管理等一系列政策和举措，促进了园林绿化事业的发展，到2005年底，全国已有公园6000余座，人均公共绿地6.49平方米。与此同时，园林理论也出现了百家争鸣的局面，比如，生态园林的理论、大园林的理论、文化建园的理论等，其中园林与景观之争如火如荼，这从一个侧面说明了园林的兴旺。

当谈到这个问题时，汪部长说："园林和景观在英文里是一个词，我主张在中国还是提园林更为合适。从中国传统理解景观一词比较浅显，是讲人的感受。中国园林博大精深，我们要继承中国园林艺术，弘扬中国文化传统，弘扬中华民族精神。"

汪部长认为，现如今大家都把园林看成是一种形式，这是不全面的。研究中国园林不要光看形式，还要看内涵。中国园林的最大内涵是什么？就是和谐，人和自然和谐，这是中国园林的基本特点。中国园林的造园艺术，讲的是精神生活，思维理念是构建和谐，在建筑物和树、花、草、石、水之间，讲对大自然的模仿，在小空间里追求自然和生活，在大空间里适应自然环境的生活，始终是人和自然的和谐。

他说，所有时期的中国园林，包括山林里一些好的庙宇选址，它一定讲要与自然的和谐，有了和谐才有景观。中国是几千年的文明古国，一直研究天体自然，我觉得人和自然和谐延伸到园林上，这就是中国园林最深的内涵。讲的不只是景观，更是和谐。我们造园一定要讲和谐。

针对目前园林建设的一些弊端，汪部长说，现在建造的一些园林，也许短时间来看是成功的，可是长时间来看不成功，经过长时间沉淀之后，人们的赞美才是成功的。中国园林上千年来经久不衰，是因为它的和谐。和谐意味着可持久的，是经得住历史的考验的。中国园林艺术的底蕴很深，包括南园、北园。北方是皇家园林，如颐和园；南方没有皇家气派，它只能建私家花园。现在我觉得要提倡的就是弘扬民族精神，这是园林的主题。造园艺术有很深奥的艺术内涵，造园是民族的艺术文化。

风景名胜资源保护极为重要

我国的风景名胜区是园林的重要组成部分，得到国家的高度重视，出台了《风景名胜区条例》，国家建设部设置了专门的管理机构。到目前为止，全国已有国家重点风景名胜区 187 个，省市级风景名胜区 448 个，总面积占我国国土面积的1%。但是，随着旅游的开展，出现了盲目开发的现象，甚至出现城市化、人工化、商业化的严重倾向。

当我提出风景名胜区的发展和保护之间有矛盾时，汪部长说：没有矛盾。发展和保护的矛盾是短期和长期的关系。风景名胜区是一个专有名词，是人文资源和自然资源核心集中的地方。自然资源集中的地方，长期历史进程中人们的长期利用，积累了成功的利用的足迹，即是人文资源。风景名胜资源是自然资源与人文资源的和谐长期共存的结果。几千万年甚至是上亿年的发展造就了自然环境、生态环境，造成了人类可持续发展的生存环境，所以要十分重视保护。

他说，所谓的自然遗产，首先想到的应该是几千万年、几亿年的沉淀积累。中国的文化，各种思想的交流，都是寻找结合和适应的机会，在适应中去发展，包括人文资源和自然资源结合的风景名胜资源。在适应中去发展，保护是为了永续利用。

汪部长说，为什么现在说保护自然资源要比保护人文资源更重要，就是因为自然遗产是无法重复的，而人文遗产随着历史的阶段不断前进，如黄鹤楼是第几次翻建？都可以变。而自然资源变不了，变的结果只能是破坏。所以自然遗产的保护比人文遗产更重要。如果某个阶段开发过头了，那么永续利用就没有了，就没有了价值。他强调指出：认识事物就是一个认识规律性的问题，认识规律，寻找规律。在发展中认识规律，科学发展指的是认识规律的发展。风景名胜区的发展和保护没有矛盾，是统一体的两个方面，二者相辅相成，本身就意味着是科学发展。"科学规划、统一管理、严格保护、永续利用"的基本原则，高度概括了风景名胜区工作的各个重要环节，阐明了风景名胜区规划、管理、保护和利用之间的辩证关系，同时也是风景名胜区各项工作遵循的行为准则。在工作中要始终做到资源保护优先、开发服从保护的要求，在当前城市化进程加快、旅游经济迅速发展的时代背景下，必须克服只顾短期和局部利益、忽视长远和全局利益的错误倾向，防止风景名胜区开发利用过程中急功近利、过度开发的错误行为，认真解决景区过度城市化、人工化、商业化的严重倾向，统筹兼顾资源。

文／景长顺

（北京市公园绿地协会秘书长）

保护好香山就是保护首都历史
——访两院院士吴良镛

◎吴良镛

北京拥有近3000年的城市史，860年的皇都史，皇家园林是其历史遗产中最精华的部分。特别是北京的西北郊，这里是园林荟萃的地区，尤其在明清两代，北方的许多名园胜苑大多集中于此，成为北京皇家园林最密集的区域。其中最具代表性的当属"三山五园"，他们是城市特色的标志性载体，是城市的灵魂所在。而"三山五园"在北京打造世界名园历史进程中具有怎样的地位？香山静宜园又如何在"三山五园"中独树一帜？香山里又是什么代表了北京城市的符号？如何运用这些有特色的标志性载体？带着这样的问题，记者对两院院士吴良镛老先生进行了专访。

吴老的家布置得紧凑而典雅，透出浓浓的书卷气。门框上一副对联"宇宙内取之无尽　竹林间得以自娱"，折射出房间主人怡情励志的精神追求。

本刊记者对吴老的访谈即从"三山五园"说起。当听闻北京海淀区政府正在制作"大香山"的规划时，吴老很兴奋，他提到："三山五园"一词已写到第十一次党代会文件中，说"三山五园"联系到北京海淀区建设、北京发展，我是很赞成的。因为北京都城的发展不是就都城本身，它是周边大的历史环境的重视，是对原有历史脉络的继承，就像城市符号一样。而"三山五园"几乎包容了中国古代文化艺术、科学技术的各个门类，反映出极其广泛的社会生活，显示了古代人民非凡的创造力和杰出的想象力，是我国传统造园思想、观念和知识的物质载体，体现了古代中国人对理想的人居环境的认识和追求，蕴含了丰富的哲学、美学、文学、环境学、景观学、工程学、历史学等内涵。

以"三山五园"为中心，北京西郊已经形成了自己的历史轨迹、城镇肌理、建筑布局、交通网络、地名人文等文脉特征。这些特征之间相互融合贯穿，形成延展型发散性辐射，是一个不容割舍的整体概念，更是北京市海淀区打造北京西部高端旅游休闲区的核心竞争力。

作为盘踞"三山五园"一山一园的香山静宜园，可以说于西山皇家园林群中独领风骚。它有着1500年的人文历史，830年的皇家御苑史，其园林史与北京城市史大抵同步，见证着北京城市发展的更替迭兴，是中国传统文化的缩影。这里曾留下11位帝王的身影，保存有辽、金、元、明、清等时期的建筑，遗存196处。数不清的碑刻、石雕、图录、诗文、档案资料蕴藏着丰富的历史信息；大量园林遗存、自然景观、帝王史记、诗文辞赋，是当时文明成就的淋漓展现。这些都是北京城市记忆最为珍贵的一部分。

在谈到如何看待香山现阶段大规模的复建工程时，吴老指出：过去搞复建好像赶场子，总是匆匆忙忙。即使依据不足，资金紧张也要生搬硬套，好像过了这村就没这店一样，使得做出来的东西就像假古董般不真实、不可信。现在条件好了，有项目推进、有考证渠道、有资金支持，我们就要彻底摒弃假古董，搞真复建。同时，复建做出来的不应只是一个房子、一个空壳子，好比昭庙，你建完准备拿它做什么，这是一个学术课题。只有在学术价值上站得住脚，假古董的帽子才戴不到你头上去。所以假古董和真复建的辩证关系不是建不建、谁先建的问题，而是抱着什么态度建、建不建得好的问题。

以黄鹤楼为例，唐朝有黄鹤楼，历经宋代，直到太平天国彻底给毁了。那么现在再盖黄鹤楼是不是就叫假古董呢？我认为不能叫假古董！不能说历史上因为唐代先建有黄鹤楼，宋代再建的黄鹤楼就都是仿冒的。现在的历史学家和文物保护学家坚持的不是一概否定文物不能复建，也不是支持到处随便就搞复建，而是要看有没有依据。依据不足就再多做些工作，这都是来得及的，也是必要的。

既然已经搞清楚了假古董和真复建的关系，那么什么才是搞真复建应具备的最重要的因素？又怎样开展复建工作呢？吴老谈到：我个人认为搞复建最重要的是意义和态度。像香山公园宗镜大昭之庙，那是乾隆皇帝为六世班禅来京专门修建的行宫，具有深远的历史价值和政治意义，是民族团结的象征，必须复建。此外，听说你们静宜园28景复建工程也是经历了很多轮的专家论证与逐级评审，才取得现在这样阶段性的成果，这是好的态度、对的方法，你们一定要坚持。说到怎样开展复建工作，我想一定要做好规划。包括园林的情况、生态环境的恢复、哪些地方需要以后再进行清理等等，甚至是该处地区的整体规划都要一并考虑在内。虽然香山饭店今天是不太可能拆除的，但贝聿铭曾公开表示很后悔在这样一个园林景观中不和谐地添加建筑物，更曾经一度想在美国以集资的方式购买下香山饭店的产权。我看到过一张全盛时期静宜园的全貌图，如果要恢复成那样，现在来说基本上是不可能的，但至少应该恢复到原有的境界！现在我们搞园林、搞建筑不要想再添，而是要补、要修。有必要拆的一些东西还是要拆的，即使它们中一些建筑有一定历史文物意义，但那也是有限的。我们这代人最艰巨的工作是把很多混乱的东西清理掉、梳理好，为新兴发展腾出一定空间。这项工作做好了，下代人才能做出一定成绩来。如果本来就是乱七八糟的，那么就算恢复一两处景观建筑也是不显的。这方面工作香山公园做得还是不错的，你们有意识地清理出一些遗址并亮了出来，这为后期有序开展修复工作奠定了基础。

在谈到怎样看待旅游旺季对建筑和园林的压力时，吴老指出：当前我们要做的不是拓宽道路，而是要另辟蹊径，把人疏散开来。我想你们香山静宜园28景复建完毕后，将能够有效地分散人流，实现园内大循环。而此时，园外"三山五园"地区间的交通网络的建设与发达就显得尤为重要了。这不是香山公园一家能说了算的，但我们要呼吁，要推进。应该说历史遗产是动态的可持续发展的观点，而不是僵在一块没有进步。现在社会人口更密集、生活节奏更紧张，这就需要更大的发展空间，这是社会发展的必然趋势，就又回到了腾出发展空间的问题上。我知道今年下半年一条40公里的绿道将串联起"三山五园"景区，可以说这是一套具有休闲、健身功能的城市慢行系统，有助于人们感受古代皇家园林所蕴含的深厚文化底蕴与内涵，是值得推崇的好举措。

在访谈的最后，吴老感慨地说：香山静宜园作为首都皇家园林集大成之作，从政治上来说坐拥两处红色爱国主义教育基地；从文化上来说具有深厚的中华民族文化底蕴与内涵；从经济上来说是首都打造西部高端旅游休闲区的主力军。香山是历史文化遗产，是人民公园，更是一座生动的大讲堂。香山承载了北京几千年的传统文化，尤其是在环境营造和造园艺术方面的核心价值，是北京鲜明的文化烙印和城市符号，对彰显古都风貌、传承华夏文脉、推动文化交流、增进民族认同功不可没。

文／林中月、王柯、任小双

（香山公园办公室）

长城永世不倒

——访古建筑专家罗哲文

◎罗哲文

　　拉开门，他说了句"进来吧"，就转过身从从容容地在书的阵列中带着我们走进他的家。他的家分不清哪间是书房，因为但凡有一点空间，都被那些书自自然然地、十分舒坦地占据着。跟随他侧身从书堆中穿过，"人书合一"四个字映入我的脑海，这是罗哲文这位古建大师给我的第一印象。

　　他落坐在他的主位—— 一把埋在书和杂物中的、与他的年龄相称的木椅上。我们坐在专门接待客人用的、脚边稍显宽绰一点的沙发上。如果以我的手臂为半径，随手一划拉，拿到百十本书是不成问题的。

　　椅子比沙发高，坐下后，我稍稍抬高目光审视着这位年逾古稀、世界闻名的古建专家：浅灰色的裤子，旧白布衫衣，清晰的思路，平和的语调——他在讲述长城。从长城的雏形——"楚方城"，到秦长城、汉长城、明长城，一直到清代帝王面对长城的自负，和解放后对长城的修缮保护，两千多年汹涌澎湃的历史长河，就在他一个小时缓缓的讲述中流淌了过去，其中有几朵浪花，耀眼炫目的浪花，深深留在了我的心里。

长城初恋——八达岭

罗老对长城的企盼与向往，是伴着义勇军铿锵的旋律而生的。上中学时，抗日战争的烽火燃遍中华大地，那巨人般巍峨的长城，点燃了少年罗哲文的英雄情结。东北沦陷后，同学们在学校就唱两首歌，一首是《长城谣》"万里长城万里长，长城外面是故乡……"另一首是《义勇军进行曲》，这两首歌都唱到了长城，但当时还是个中学生的罗哲文并没有见过长城，内心非常向往。抗战胜利后，当他随中国营造学社来到北平，第一个愿望就是去看长城，于是他邀了两个朋友，一块儿去八达岭。

"那时是冒风险去的，没有公路，又正在打内战。当我第一次见到长城时内心却非常难过。"夕阳西下，满目疮痍。在梁思成、林徽因的营造学社学习时，老师让他多增长些古典文学的修养，富有诗才的青年罗哲文，被长城的破败、荒凉惊呆了。疼惜、哀婉、悲怆伴他一夜无眠。但也正是这种强大的反差，让他一辈子与长城结缘，一辈子研究长城、保护长城。

第二次到八达岭是 1952 年。时任政务院副总理兼文教委员会主任的郭沫若提出，北京地区可供开放的著名古迹太少，因此他提出开发长城、向国内外开放的建议。

时任国家文物局局长的郑振铎派罗哲文先行去勘察。罗哲文选择了八达岭和居庸关两处作为考察点。他乘火车、骑小毛驴、步行，数次往返于八达岭和北京城，有时就在山上条件简陋的小屋中住宿过夜。虽然辛苦，但这次考察，他看到了希望，他知道长城这条东方巨龙将重振雄风。站在烽火台上，放眼峻岭群山，他立下誓言：要走遍长城，修护长城！

经过实地勘察，罗哲文拿出了八达岭长城维修规划图请老师梁思成先生审定。大师与凡人最大的不同就在于"目光长远"。梁思成用他的睿智强调了三点：长城要"整旧如旧"，保护古意；游客休息位置要讲究艺术性，要有野趣；不能在长城上种高大乔木，以免影响观看长城的效果，也不利于保护长城。这张由梁思成审定签名的珍贵图纸，罗哲文一直珍藏至今。

1953 年，完成八达岭长城修复，当年国庆节向公众开放；

1961 年，八达岭长城成为国家第一批文物保护单位；

1982 年，成为第一批国家风景名胜区；

1984 年，邓小平发表了"爱我中华，修我长城"的著名题词后，全国掀起了保护长城和研究长城的热潮。这时，年逾花甲的罗哲文更为频繁地出现在各地长城上；

1987 年，八达岭长城被列入世界文化遗产名录；

1991 年，八达岭长城作为万里长城的代表，接受了联合国教科文组织颁发的"世界文化遗产证书"；

2000 年，八达岭长城被评为国家 AAAA 旅游景区；

八达岭成为接待游客最多的长城景区，成为接待国家元首最多的长城景区；八达岭成为了万里长城的"代称"；不管国内还是国外，能不能成为"英雄好汉"，就看你去没去过八达岭。这其中，罗老付出了多少辛勤的劳动与智慧，八达岭的管理者们知道，无语的长城也知道！

为什么对八达岭情有独钟？因为八达岭是罗哲文对长城的"初恋"。"50多年了，我记不清多少次登上长城了，少说也有几百次吧。光八达岭，我就去过 100 多次。"

八达岭长城与其他长城有什么不同？因为它是北京的门户，是北京的院墙，对守护京城有着十分重要的作用。这种作用，在冷兵器时代是这样，在现代战争的今天，依然如此。

万里长城十万里

走得越多，看得越多，罗哲文就越感受到长城内容的丰富性。在不断地探索过程中，他发现了历史的误会：关于长城的起点，以前大家都认为长城的起点是山海关。经过长期的实地考察，罗哲文发现它的起点应该在鸭绿江。关于长城的长度，中国人历来称它为"万里长城"，而外国人则是用比例尺从地图上量出来的。这显然是错误的，因为长城不是直线，更不是水平线，也不是只有一道，而是随山形地势，曲曲折折、上上下下，由许多道所构成的。我国历史文献上的记载，虽然比较可信，但没有把一道长城的双重、三重、多重的长度计算在内。各个朝代对长城的修建，并不是都在一条线上修筑或重修，如秦、汉、明三个朝代的长城，都不在一个起点，也不在一个终点上，相去数百甚至上千里。这样，把各个朝代修建的长城加起来，足足会有10万里。

10万里，这个数据不是虚拟，是罗哲文用他的实践，用他和同伴们的双腿量出来的。

功过是非再看长城

现在有许多貌似强大的理论，还有许多故弄玄虚的说法，总是被别有用心的人炒作，而可悲的是，"垃圾"往往总被无知的人当作宝贝接受。对于长城的功过，虽然历来就有褒贬，但对于这些评价，我们都不能离开评论者的身份与他所处的时代。

清代康熙帝有首《蒙恬所筑长城》诗作："万里经营到海涯，纷纷调发逐浮夸。当时用尽生民力，天下何曾属尔家。"他用调侃讽刺的态度，表现了胜利者的自得。乾隆也有"形胜固难凭，在德不在险"的诗句，但无非是借长城来表达和炫耀他的"以德得天下，以德治天下"的统治思想，却忘了那座小小的、有着坚固城墙的宁远城。正是那座被城墙保护着的宁远方城，不仅让努尔哈赤久攻不下，最后还被守城军士的炮火击伤，最终丢了性命。

"德"可以归心，可以是胜利后的"统治术"，但却没有在历史上产生一例让天下乖乖顺从，让敌人拱手相送的实证。

那么对长城的评价，就应该回归到它的本来功用——防御工事。长城内外，烽烟迭起，凡遇战事，这长城就成为攻守双方决定胜负的分界线。秦长城主要是为了防御北方的游牧民族——匈奴。他们飘忽不定，来无影，去无踪，"救之，少发则不足；多发，远县才至，则胡又去矣。"这种情况，修筑长城是最好的防御办法。这种设防的选择，一直持续了两千多年，因为别无他策。

伟大的先行者孙中山先生给予了长城客观的评价，他说："始皇虽无道，而长城有功于后世，实与大禹之治水等。"罗哲文认为，孙中山的评价是客观的。应该把长城的作用，与秦始皇在修筑长城时使用的暴力、暴政区别开来，否则就没法说清楚。

其实我们还应该纠正一个偏见，那就是长城是促成多民族统一国家形成的一个因素，罗哲文说。纵观历史，围绕长城的战事虽多，但和平年代似乎更长久。长城是最早的"边市"，最早的"开放"。长城内外多民族互市，促成了经济的繁荣,围绕边镇,多形成了后来的城市,这一点是我们不应忽视的。

随着历史的流失,长城已经成为我们中华民族伟大力量的象征。邓小平同志"爱我中华,修我长城",就是把我们民族的精神,用长城形象化了,这种升华,得到了海内外华人的一致赞同。

"建筑是凝固的历史"。人类不同时代的文明都在建筑上留下了烙印。而保存至今的,让我们能够触摸到两千多年中华文明发展脉络的建筑,只有长城。从这个意义上讲,长城是历史的"时光隧道",是通往中华古文明的"直通车"。

边塞诗情,砖雕木刻,长城还是科学、文化、艺术的综合体,是我们中华文明进程的标志。美国总统尼克松在参观过长城后感慨地说:"只有一个伟大的民族,才能造得出这样一座伟大的长城。"

眼前的罗老是那么的平和,那么的淡定,他的语调一直是舒缓而安详的。渐渐的,就有些朦胧,就有些飘忽——他似乎离我远了,和那些书融在一起,和它们铸成了一道城墙,一座坚固、内敛,永世不倒的长城。

文 / 李明新

(北京曹雪芹学会秘书长)

园林华尔兹

——访中国风景园林学会副理事长刘秀晨

◎刘秀晨

"每一丛树荫都洒下真挚的深情，每一朵鲜花都敞开美丽的心灵，每一片绿色的草坪都飘起清爽的风，城市中的园林，园林中的城市，每当你我在良辰中相逢，怎能不依恋悠悠的园林情……"这首优美的"园林华尔兹"在书房中跳动，明快抒情的旋律在每一寸空气中流淌。伴随着欢快轻盈的圆舞曲节奏，他悠然迈开舞步，沉醉在自己的作品之中，幸福溢满了他的脸庞……这天是2009年深秋，是硕果累累的金色季节。本刊记者走进了刘秀晨的书房，在金色的"园林华尔兹"伴奏下，走进了他硕果累累的人生画卷——

在北京乃至中国园林界，刘秀晨这个名字很多人都耳熟能详。他堪称园林届的一位奇人，他对北京乃至我国园林事业所做出的贡献，非本文能够详细记述。正是由于他的突出贡献，刘秀晨大学毕业后从一个"刨坑种树"的普通绿化工起步，风雨兼程地一路走来，经过石景山区绿化办副主任、区园林设计室主任、区园林局副局长，一直走到北京市园林局副局长这一岗位。但这并不是他的事业终点，他仍然执着地继续前行，一直走到全国政协，走到国务院参事室，在国家层面上为我国园林事业参政议政、图谋发展。这就是刘秀晨，一个生命不息奋斗不止、充满豪情与活力的园林人。

他曾主持设计过石景山古城公园、石景山雕塑公园、石景山游乐园、石景山绿色广场、八角公园、小黑山公园、八大处映翠湖、北京国际雕塑园，与别人合作设计过玉渊潭樱花园、世纪坛公园等大型园林项目，并先后获得无数荣誉；他先后在各种学术刊物上发表学术论文100多篇，其中多篇获得优秀论文奖；他还领导并参加过颐和园昆明湖清淤工程、玉渊潭公园樱花园建设、北海公园琼岛复原改造工程、天坛坛墙修复工程等，特别是作为北京市植物园展览温室的工程法人，刘秀晨圆满完成了这项科技含量极高的现代化标志性工程，并获得北京市20世纪90年代十大建筑和国优工程奖，受到了中央和北京市的高度肯定。刘秀晨也因为优秀的设计成果和崇高的工作精神受到了党和政府的嘉奖和表彰：曾荣获北京市第一批有贡献的科技专家、北京市绿化模范、北京市劳动模范、全国绿化奖章获得者等一系列桂冠……若想以本文的篇幅浓缩他硕果累累的一生，几乎是不可能的。对于他的成功人生，刘秀晨仅仅用一句朴素简单的话高度概括："机会眷顾有准备的人。"是的，为了迎接并抓住无数的"机会"，刘秀晨热爱事业、脚踏实地、倾情奉献，为此付出了自己的一生。

他的事业生涯可谓波澜壮阔，他所取得的成就可圈可点。发生在他身上的故事实在太多，属于他的创举和荣誉数不胜数，他注定是一个不断挑战自我、不断勇往直前、不断创造成就、不断刷新纪录的人。在他40多年的园林生涯中，他对园林事业倾注了毕生的心血和智慧。按理，65岁的全国政协委员、国务院参事应该说已经功成名就，可以在鲜花和荣誉垒起的山巅上享受成功带来的辉煌与喜悦，然而，现实中的刘秀晨仍然心系园林事业，仍然满怀赤诚之心，为昨日名园的保护与发展呕心沥血，为今日园林的建设献计献策，为明日园林的描绘蓝图。今天，人们仍然能看到他忙忙碌碌的身影，如伏枥老骥继续在我国园林绿地耕耘。

对于当今园林界热门的焦点问题——中国历史名园的保护与发展，刘秀晨有着睿智和独到的见解。尽管他过去已经多有阐述，但是只要一提及这个问题，刘秀晨仍然充满豪情侃侃而谈。他告诉本刊记者：世界上能称之为著名古都的城市仅仅只有巴黎、罗马和北京三个城市。巴黎和罗马是以古建筑为主，而北京则除了古建外，更为突出的是还有大量的皇家园林。可以说北京拥有的皇家园林在世界上首屈一指。分布于北京西北郊的"三山五园"和市区的南、中、北海，是北京市皇家园林的两大板块，大批敕建的寺庙和达官显贵的府第也多是历史名园。京华园林丰厚的历史文化积淀，皇家园林所具有的浩然王气，荟萃国之精英的首都融合了各地园林文化之芳菲，使北京历史名园成为了一部异彩纷呈的大百科，汇集中国园林精粹的历史长卷，绽放中华民族风采的百花园。这些历史名园博采北雄南秀之众韵，兼具海纳百川之胸怀，如盛清时的昆明湖、西堤六桥以及谐趣园，今天集国内古亭之精粹的陶然亭名亭园，无不证明无论是皇族王室之园，还是名公巨卿之庭，都以其深刻的文化底蕴和情趣，极高的艺术品位和不可替代的历史价值，令人回味无穷！面对如此瑰丽的历史遗产，今天我们园林人不仅要用更多的新绿来浸润她，更要用精细的匠心保护她、恢复她、完善她。回顾新中国建国 60 年来对北京古典园林的修葺和保护，刘秀晨感慨万千。他介绍说，颐和园从恢复四大部洲、苏州街、景明楼、澹宁堂直至耕织图景区，修缮佛香阁、排云殿、畅观堂等，一年一个样，年年有新举。尤其是气势恢弘的昆明湖清淤工程，20 万人次的义务劳动，一个月清除 67 万立方米淤泥，场面之壮观，不仅使人瞩目，更令当事人终生难忘！如今的昆明湖，波光潋滟，碧湖塔影，杨柳依依，灼桃吐艳，宛若乾隆盛世再现颐和园！再说天坛从 20 世纪 70 年代祈年殿落架大修，到 90 年代搬走"文革"中留下的土山，修葺斋宫、南北神厨，恢复东北坛墙，整理祭天乐谱和礼仪展具，拆迁花木公司，复建神乐署景区，恢复绿地，复壮古树，经过 60 年的努力，代表着北京市标识的天坛，今天又焕发出她所独有的秀丽端庄的风采！谈到香山，刘秀晨介绍说，香山著名的 28 景正在逐步恢复其原貌：翠薇亭、璎珞岩、知乐濠、隔云钟、听法松……近年来又整修了双清、见心斋、眼镜湖、香山寺遗址等，复建了欢喜园、勤政殿、香雾窟，新建了静翠湖、香炉峰等几组景区。1998 年还全面维修了碧云寺罗汉堂，近些年又恢复了观赏红叶的最佳去处玉华岫。如今，蜚声远近的香山不仅以其著名的红叶招徕八方游客，而且还以其丰富的人文景观展示出了她独特的诗情画境。

至于如何保护我国宝贵的历史名园，在园林领域探索和实践了一辈子的刘秀晨也有其精辟的见解。他认为古典园林的修葺和复原必须本着科学谨慎的态度，吸纳社会、历史、文化、自然和艺术的营养，以翔实的史料为依据，尊重历史，尊重建筑原有的材料、尺度、做法，能保留的绝不推倒重来。就拿北海园林中的快雪堂来讲，原本是乾隆年间的苏式彩绘，修缮时要力求达到原汁原味，一丝不苟地还原历史的真貌。正是坚持这样一种态度，北海的小西天、九龙壁、快雪堂、静心斋、画舫斋、濠濮间、白塔、永安寺、庆霄楼、一房山、蟠青室、团城、琼岛春荫等，才得以原汁原味地完美再现，以新的风采展示着古都北京的身份和历史地位。刘秀晨说，做过大量修缮的还有潭柘寺、戒台寺、八大处等，这些地方昔日的萧条如今已基本恢复原貌。刘秀晨继续介绍，进入新世纪以来，北京迎来了筹办奥运会的历史机遇，掀起了新一轮的皇家园林大修缮高潮。天坛祈年殿景区、颐和园佛香阁长廊景区、北海琼华岛景区等等，都趁这次举国盛事之机得到了全面的修缮，这些历史名园现在都已修旧如故，金碧辉煌。北京古典园林也不断地获得了新生。谈到这里，刘秀晨激动地说，如今，当我们站在佛香阁上，或者祈年殿前，或者白塔身旁，举目四望，蓝天下一座座古建金碧辉煌，与灿烂阳光交相辉映。在这气象万千中，我们很难想象，眼前这些巍峨壮丽的古典园林曾经历了明末清初的历史悲剧，走过了民国时期的战乱与浮沉，从往日的满目疮痍一派颓败，经过新中国半个多世纪的休养生息和园林人的精心呵护修葺，今天又恢复了历史原貌甚至达到了历史上最好的时期，重新对世人绽开了她们美丽的笑颜！两个百年之交是何等的迥异，北京古典园林从 20 世纪之初的秋风落叶走向今天的春芽绽枝，作为园林人，我们有理由为它们的新生感到由衷的自豪并且可以告慰先人。在新中国走过 60 年光辉历程之际，我们可以骄傲地告诉后人：我们这几代园林人在党和政府的领导下，为北京古典园林的新生所做出的贡献将会载入史册！

刘秀晨的音乐天赋和成就人们同样耳熟能详，他不仅擅长钢琴和手风琴演奏，而且还精通歌曲创作。几十年前，由于历史的原因他没能进入音乐学院的大门，转而进入园林学府。但是园林专业的学习并没有泯灭他对音乐的追求与拥抱，在从事园林事业的几十年岁月中，他从来没有放开过缪斯的翅膀，而是展开园林设计与音乐创作的双翼，像一只翻飞于园林中的精灵，一边勾勒着美丽的北京园林，一边歌唱着优美的园林华尔兹。在刘秀晨看来，音乐和园林设计是一脉相承、水乳交融的，本质上都有着同样的艺术脉动，因此他比别人更能理解和把握园林的艺术属性，更懂得用音乐去描述每处园林的艺术个性。在他一系列园林歌曲的创作中《园林华尔兹》当是他的代表作，曲中反复出现的"城市中的园林，园林中的城市"，不仅代表着刘秀晨对城市、艺术、园林、音乐四者相依相存关系的深度理解，更体现了当今中国城市建设与发展的科学理念。正是由于他对园林文化的诗意解读，才使他设计创作的园林既具古典神韵，又富现代精气神，显示出令人过目难忘的美感，才使他的业绩载入了园林建设发展的史册；正是他对园林事业的无限虔敬，才使他谱写的园林歌曲交响出激动人心的旋律与和声，才使他的人生色彩斑斓富于活力！刘秀晨用自己一生的实践告诉人们：科学与艺术并不相悖，它们是人生美好的两翼，能把一个人的事业和精神托举到常人无法企及的高度。

盛世兴园林。我国已经进入了一个现代园林的新时代。面对这一历史机遇，身为全国政协委员、国务院参事的刘秀晨，可说是"位高未敢忘忧国"。他指出当前中国园林规划设计工作中存在的种种误区，比如小型园林多要素化、简单设计复杂化、设计标准奢侈化、广场设计八股化、绿荫不足硬质化、居住绿地山水化、小区景观展示化、集中绿地架空化、设计构图解构化、文化运用标签化、电脑设计浮躁化等等。也许，有些尚未到"化"了的程度，但是这些问题是显而易见的，刘秀晨对此充满忧患意识。他认为，尽管近30年来我国风景园林师队伍不断壮大，设计领域和思路大大拓展，设计创作出了一些较为成功的园林作品，但是，由于对园林文化与精神的认识存在各种偏差，使今天的城市园林设计有些还显得过于雕凿。刘秀晨说："不管发生了什么，园林的主题还是应以源于自然、高于自然的绿色空间为蓝本，即'人化自然'。设计者有责任以清新的环境给人以'良丹'，来治疗由混凝土和机动车伴生的现代城市病。在园林中，当家的永远应当是绿荫、草地、花卉乃至水体。同样是树木花草，以不同的设计构想，创作出千变万化的图画，这才是永恒的主题。一切世俗化潮流化都是来去匆匆的过客。"他呼吁新一代园林人要摒弃浮华落本真，坚持科学发展观，迎接新挑战！这是现代化进程中中国园林人的共同责任，我们要无愧于这个时代，不断做出贡献。

"每一座高楼都簇拥着层层新绿，每一处庭院都飞出欢乐的歌声，每一尊雕像都托起温馨的梦，城市中的园林，园林中的城市，每当你我在良辰中相逢，怎能不依恋悠悠的园林情……"这首浓缩着刘秀晨的园林情怀、伴随着刘秀晨园林生涯的圆舞曲，也伴随着本刊采访的始终。是的，睿智的刘秀晨以这首华尔兹作为采访的背景音乐，使关于他的许许多多话语，都融合在了优美的旋律与和声之中。

文／陶鹰

（《景观》杂志高级编辑）

复兴雅乐　万依复出

——访故宫博物院研究馆员万依

◎万依

在北京天坛神乐署凝禧殿的玄关屏风上，有这样一段文字："中和韶乐是明清两朝用于祭祀朝会宴飨的皇家音乐。据文献记载，三千年以前的周王朝就设有号称六代大乐的宫廷音乐称为雅乐。雅乐是以金石丝竹土木匏革八种材料制成的乐器演奏，和以律吕文并以五声八音迭奏玉振金声融礼乐歌舞为一体，表达对天神的歌颂与崇敬。自先秦至宋元雅乐历代相延不断，明朝建国之初把雅乐乐器加以改组并命名为中和韶乐。清朝沿用之中和韶乐是我国音乐文化宝库中一束独有的奇葩。"

对于业内人士来说，万依这个名字应该是如雷贯耳，因为一提到这个名字，人们自然会联想起北京故宫，联想起他在那座中国古代皇家禁地里几十年如一日埋首古建青灯下所做的一系列研究。

1925年出生于河北固安的万依，曾肄业于京华美术学院音乐系、西画系，1949年毕业于华北文法学院中文系。1978年万先生调到故宫博物院，主要从事明清宫史、清代宫廷音乐的研究，并发表了有关明清宫廷史、音乐史、书法研究等学术论文数十篇，出版了《阅古楼和三希堂法帖》《快雪堂和快雪堂法书》《淳化阁和淳化阁法帖》《颐和园》《清代宫廷史》等十多部专著。

随着 1993 年离休，作为故宫博物院老一辈研究员，如今已届耄耋之年的万老似乎已渐渐淡出了人们的视野。然而，近年来，在北京天坛公园神乐署奏响的"中和韶乐"古代宫廷雅乐中，万依的名字再次闪现其中，万依的身影也时常出现在那片古代皇家祭祀之地。是什么机缘将这位故宫博物院的老前辈与古代皇家礼乐联系在了一起？为了解开这个谜题，《景观》记者敲开了万老位于北京城南的家门。

新茶飘着花香，西瓜甘甜诱人。在万老的家中，记者细细品味着一位大家予人的宾至如归的温馨与放松。年逾八旬的万老耳聪目明，格外谦恭。优雅的音乐旋律以恰到好处的音量环绕在客厅，沐浴在音符的溪流里，万老说音乐是他人生的最爱之一。这不禁让人联想，或许正是音乐这座桥梁，让万老实现了将古代宫廷史和古代音乐的研究无缝对接，相互促进。

的确如此。万老虽然并非搞音乐出生，但是在从事古代宫廷史研究过程中，出于对音乐天生的兴趣和爱好，他逐渐将研究的领域拓展到古代宫廷音乐的研究，并且于 1981 年 12 月在《紫禁城》杂志上发表了《清代编钟与中和韶乐》一文。在这篇研究文章中，万老对"中和韶乐"和演奏"中和韶乐"的八音乐器做了深入细致的介绍，尤其对我国古代编钟的发展历史进行了独到的研究。

至于与天坛公园的缘分，万先生说自己是在 20 世纪 80 年代末的一天，偶然来到了天坛神乐署，看见了古代表演"中和韶乐"的部分八音乐器展览，非常感兴趣，此后，他便与天坛神乐署"中和韶乐"的挖掘与复兴结下了不解之缘。

正是基于万先生深厚的古代宫廷音乐文化功底，在近 20 年来天坛公园开展的"文化兴园"活动中，为了充分保护、利用和传承历史文化资源，在挖掘和展示神乐署的文化内涵工作中，天坛公园正式请来万老出谋划策，献智献力，为"中和韶乐"的复兴立下了汗马功劳。比如为 2004 年天坛神乐署重新布展提供了大量资料和数据，并且全程指导和参与了天坛神乐署"中和韶乐"的非物质文化遗产申报工作。

为什么要协助天坛公园开展"中和韶乐"的挖掘和复兴工作呢？万先生认为，天坛的价值不仅仅在于其宝贵的古代建筑遗存，更在于她有着极其丰富的历史文化内涵。在她一组组雄伟壮观、精美绝伦的古建筑背后，深藏着天文律历、物理数学、礼仪制度、伦理道德、政治哲学、饮食服饰以及音乐舞蹈等极其丰富的精神内涵与文化元素。产生于中华民族发展各个领域的精神文明与物质文明，在这里形成了深厚的积淀，神乐署的"中和韶乐"就是其中之一。

"中和韶乐"究竟是一种什么音乐？万先生介绍，"中和韶乐"是中国古代的宫廷音乐，也是中国古代音乐的典范。雅乐是在中华民族原始乐舞的基础上开创的质朴、典雅的宫廷音乐，而"中和韶乐"继承了雅乐的质朴典雅的风格。"中和韶乐"是中华民族传承了几千年的雅乐，也是中华民族最古老的非物质文化遗存之一。许多文献资料和考古发现证实，雅乐最初源于远古先民的原始乐舞，表现了氏族部落图腾崇拜、祭祀典礼、农耕狩猎、部落战争、生息繁衍等社会生活，乐舞的形式传承了上古时期已经诞生的融歌舞乐为一体的音乐舞蹈表现形式。经过漫长的历史演变，随着周代礼乐制度的建立，雅乐逐渐成为中华礼乐文化的重要标志，自西周以后历朝历代，一直用于坛庙祭祀、朝会宴飨以及其他重大的国事活动。在中国古代，音乐也被赋予了政治的内涵，统治者信奉"治民莫善于礼，移风易俗莫善于乐"，即所谓"德音雅乐"，将音乐作为教化的工具，而且是教化的最高形式，提倡礼乐治国，用礼来区分等级，用乐来调和人与人之间的关系，以达到君臣和敬、长幼和顺、父子兄弟和亲的社会和谐的目的。到了明洪武年间，朱元璋将雅乐更名为"中和韶乐"，清王朝承袭了明朝的礼乐制度，正式将"中和韶乐"用于天坛大祀等祭祀典礼。

今天，我们对天坛"中和韶乐"这一雅乐文化的传承，究竟有什么现实意义和价值？对于这个问题，万先生认为："中和韶乐"作为中国古代音乐文化特有的一个门类，是礼与乐结合的产物，以其乐音纯正，舞姿庄重，受到了儒家学者和中国古代历朝统治者的推崇，被认为是最和谐完美、最符合儒家伦理道德的音乐，并被尊为"华夏正声"。雅乐以"中和韶乐"之名在明清两朝代代传承，在几千年的历史进程中几乎没有中断，没有灭失，这在世界文化史上创造了一个奇迹，也充分说明中华民族特有的礼乐文化具有强大的生命力。在中华民族发展史上，礼乐文化塑造了中华文明的形象，汇集了中华文明的丰富内涵，对亚洲社会文明的发展产生了重要的影响，也对世界文明的发展做出了伟大的贡献，具有极高的文化价值。明清"中和韶乐"的乐器、乐谱、歌词能够完整地保留至今，成为中国音乐发展史上的一段物证，成为中国音乐史的一批珍贵的物质和文献资料，为后人开展研究提供了可能性和可行性。因此，拯救和传承"中和韶乐"这一中华雅乐的历史文化遗存，既是历史赋予我们的责任，也是我们传承中国优秀文化责无旁贷的使命。当然，在开展这项工作中，也不是一帆风顺的，遭遇了来自社会各个方面的阻力。但是，如果我们今天站在"促进社会主义文化大发展、大繁荣"的高度重新审视雅乐这一历史文化现象时，就会发现它所独有的、极其丰富的文化内涵，和它所反映出的中华民族特有的精神气质、思维方式、想象力、创造力，都是非常值得我们骄傲与珍惜的宝贵遗产，有必要加以保护和传承。加之，"中和韶乐"所具有的庄重典雅、平和肃穆、大气磅礴的特色，充分表现了中国传统音乐的刚健、庄严之美，仅从艺术的角度来看，也有值得传承的价值所在。另外，音乐世界应该是多元的，经典的音乐既可以跨越历史，也可以跨越国界，还可以跨越政见，与绘画、雕塑一样，是艺术之美的一种表达形式，满足人们的审美需求。而"中和韶乐"里的"中和"二字，也最能表达中国哲学里中庸、平和的哲理。因此，作为一个中国人，珍惜和保护自己国家的文化艺术瑰宝，体现的是爱国、创新、包容、厚德的精神。

在挖掘和复兴"中和韶乐"的过程中，为了使人们更好地理解古代雅乐文化，万老与其他专家协助天坛公园专门开设了古代皇家音乐展馆。在展室设置上，除了介绍神乐署历史沿革的内容之外，特意依照"中和韶乐"所恪守的雅乐八音乐器规制、融礼乐歌舞为一体的表现形式和文化内涵特征，分别开设了"中和韶乐"简介、钟磬展室、乐律展室、词曲展室、鼓展室、笛箫展室、琴瑟展室、埙展室、服饰展室等各种展室，使人们可以更直观地了解古代雅乐乐器"金、石、丝、竹、土、木、匏、革"的八音分类，更深刻地认识"中和韶乐"的深厚内涵。为了使人们能更形象地了解"中和韶乐"的艺术价值与无穷魅力，万老还协助天坛公园组建起"中和韶乐"乐团，根据天坛收藏的文物和历史文献资料，指导仿制了全部"中和韶乐"乐器，并把明清两代演练"中和韶乐"的凝禧殿辟为"中和韶乐"展演厅，使这里成为中国唯一的"中和韶乐"

专用演出场所，为现代人打开了一扇通向古代音乐殿堂的大门。而乐团成员们边演出实践，边参加"中和韶乐"相关文化的研究和乐器的研制，极大地丰富了天坛文化的内容，并且填补了天坛非物质文化遗产方面的空白。2009年，天坛公园又将万先生和黄海涛先生整理编辑的《海宇升平日》等8首清代宫廷音乐排练完成并搬上舞台。2008～2010年春节，在第四届、第五届、第六届天坛文化周期间，天坛公园在祈年殿连续举办大型祭天乐舞表演，组织百余名演员演出了文德舞、武功舞，所有舞蹈动作均按清代祭天舞谱设计，最大限度地再现了往昔"中和韶乐"礼乐表演的恢弘场面和历史原貌。

近年来，以天坛、颐和园为代表的皇家园林"从优秀文化遗产地向文化传播者转变"的任务已经写入北京市"十二五"规划和北京市公园管理中心的"十二五"规划，万先生说，这给"中和韶乐"的顺利复兴带来了无限的机遇。但是，如何抓住机遇，进一步做好"中和韶乐"的研究保护和永久传承，发挥"中和韶乐"的社会教化功能，扩大文化的交流和沟通，体现天坛文化在现代社会的作用，是值得大家继续努力的目标。他希望在今后天坛雅乐的挖掘和复兴中，不要局限于清朝和仅仅满足于复原乐曲，而应该进一步开拓创新，加大艺术成分，用更通俗的语言，使观众能够更好地理解音乐内涵，同时在表演时还应该加强辅助性介绍，增加互动内容，提高大众的知晓率。另外，万先生还建议建立专门的研究机构，加强对雅乐本体的研究，确保雅乐文化传承的科学准确。

为了褒奖和表彰万依先生为我国古代宫廷雅乐的复兴工作所做出的突出贡献，2012年他被北京市公园管理中心、北京市风景名胜协会、北京市公园绿地协会共同授予了"北京市第二届景观之星"荣誉称号，并向他颁发了金质奖章。

文 ／陶鹰
（《景观》杂志高级编辑）

北京绿色奥运背景揭秘

——访中国风景园林专家张树林

◎张树林

或许，对于渐行渐远的2008年北京奥运会，人们习惯于将自己的记忆定格在那气势恢宏、瑰丽璀璨的开、闭幕式上，以及扣人心弦、激动人心的各项赛事上；或许，对于举世赞誉的2008年北京奥运会，人们惊叹于鸟巢的雄奇壮丽，水立方的魔幻神奇，以及比赛场馆和奥运村的先进、规范和人性化；或许，对于中国百年一遇的伟大盛事，人们仍然沉醉于奥运期间北京的清新美丽，以及盛会

之际首都处处展示的雍容华丽。然而，让我们试想一下：如果2008北京奥运会只有孤零零的鸟巢和水立方，没有依依垂柳和清澈莲池相伴；只有钢筋水泥砌成的比赛场馆，没有绿荫草毯和立体植被的装扮；只有大都市纵横交错的马路，没有沿途绵延无尽的鲜花簇拥；只有鳞次栉比的楼堂馆所，没有各色花草和婷婷绿树的覆盖，那么，无论这届奥运会各种赛事何等激烈精彩，组织工作何等周到细致，世界对2008北京奥运会的印象和评价，无疑将被改写。

那么，是谁用杰出的智慧勾勒出了北京奥运会美丽如诗的绿化蓝图？是谁用巧夺天工的双手把奥运北京妆扮成了人间仙境？在奥运绿化的七年历程中隐含着多少不为人知的感人故事？在姹紫嫣红的北京奥运盛装之下，凝聚着怎样的付出和艰辛？

所有这些问题的答案，都指向了一位德高望重的女士——建设部风景园林专家、"北京市政府 2008 工程"指挥部专家、北京园林学会理事长——张树林。只要掂量一下这些头衔，人们就会发现它们的分量。不错，这位被业内人士称为"专家型领导，领导型专家"、我国园林绿化领域的学术权威、原北京市园林局副局长兼总工程师，能够为我们掀开 2008 北京奥运后面的绿色背景——

阳春三月的阳光洒在张树林家的客厅里，洒在张树林一如既往淡定自如的脸上。或许是一种宿命，张树林从出生之日起，父母对她的命名，注定了她的一生将要与树木园林永远联系在一起。在为我国城市园林绿化事业奋斗了近 50 个春秋的今天，年逾古稀的张树林仍然以满腔赤诚倾情于我国的园林绿化事业。对于这次盛况空前的重大国事，北京市园林绿化领域的全体干部职工在其中所付出的巨大努力，她至今记忆犹新，如数家珍。

张树林告诉我们，2001 年，当北京申办奥运成功的喜讯回荡在神州大地之际，北京市政府当即向全世界承诺：2008 年北京将举办一次具有中国特色的"绿色奥运、科技奥运、人文奥运"。作为"绿色奥运"神圣使命的承担者，北京市的园林绿化工作部门和园林绿化工作者肩负重任。从那一刻起，一场与时间赛跑的"绿色奥运"筹备与实践活动，与奥运会其他各个重大事项一起，紧张有序地悄然拉开了宏伟浩大的序幕。

根据国际惯例，凡是举办奥运会的城市，必须达到规定的绿化指标。为了实现这些指标，从 2001 到 2008 年，北京以平均每年扩大相当于 35 个奥林匹克森林公园面积总和的速度，扩大绿地面积。仅在 2008 年，北京市园林绿化局就高标准、高质量地完成了奥运场馆及相关配套的 150 项奥运绿化重点工程任务，完成绿化面积 1026 公顷，栽植乔木 39 万余株，灌木 210 万余株，地被 460 公顷。这样的发展速度，不仅在我国绿化史上是前所未有的，在世界绿化史上也是少有的。经过不到 7 年的时间，北京市中心城区的绿化覆盖率由过去的 36% 上升到 43%，郊区林木覆盖率从 57.23% 上升到 70.49%，全市平均绿化率已经达到了 56.74%；北京五河十路的两侧已经建成了 2.5 万公顷的绿化带；城市绿化隔离地区建成了 1.26 万公顷的林木绿地；三道绿色生态屏障已基本形成；自然保护区面积占全市面积的 8.18%。这些数据不仅仅反映了北京的绿化现状，也为人们指示出北京的绿化水平在世界发达国家宜居城市的绿化率排列中，所处的坐标位置。

从局部和平面上，人们无法看到绿色奥运的整体景观，也无法真切理解绿色奥运的丰富内涵。让我们随着张树林的叙述，从空中俯瞰北京的"两区花港""三线花廊""五环花带""六类花境""百座花园"……她们花团锦簇地拥抱着我们的首都，拥抱着 2008 北京奥运。张树林告诉我们，所谓"两区花港"，是指从奥林匹克森林公园到天安门广场，形成一个连接北京东西两个区域的巨大花港；"三线花廊"是指在北京城的南北中轴线和东西长安街以及机场高速线形成三条主线的花廊；所谓"五环花带"是指在北京市的二环、三环、四环、五环以及奥运场馆联络线这五条环线上，装扮成五个环形花带；所谓"六类花境"是指在奥运会的一些重要场所，比如奥运村、比赛场馆的结点、宾馆结点、购物结点、城市开放空间结点以及交通枢纽结点等六大结点地区，形成六种不同类型的花境；而"百座花园"则是在京城历史悠久的古老园林中，建造出一百座花园。如此众多的鲜花，汇集成如此浩瀚的花海！如此巨大的手笔，描绘出如此浩迭的画卷！没有"更快、更高、更强"的奥运精神，这样的仙境不可能在人间莅临！

在那段举世瞩目的日子里，人们或许只看到了奥运期间百花争艳的人间奇景，却不知道朵朵鲜花背后包含着多少艰辛的故事——

众所周知，北京的夏天酷热潮湿，北京的夏季鲜花稀少。这种气候和地理条件决定了在北京炎热的八月举办一届百花齐放的奥运会，将会面对怎样艰巨而严峻的挑战。绿荫碧草需要充沛的水分，娇嫩花朵畏惧炎炎烈日。怎么能使各种鲜花在这段举世瞩目的日子里盛开不败？怎么能让满目奇草异木能够相伴奥运从始至终？张树林告诉我们，自从"绿色奥运、科技奥运、人文奥运"的理念确立之后，奥运花卉的选择，就成为了全国园林与花卉界专家、学者和管理者高度关注的重点和焦点问题。为此，北京市园林和花卉行业的各路专家、学者齐聚一堂，展开了专门的研究和讨论。经过反复论证和实验，最终达成了一致意见：两条腿走路，在大力发展本土品种的基础上，积极引进国外夏日花卉。为了尽快攻克这一难题，国家科委和北京市科委划拨巨款，一边责令相关科研部门和生产单位立刻进行科研攻关，一边要求有关部门迅速从国外大量引进夏日花卉，进行适地培育。与此同时，北京植物园、北京市园林科研所、北京城建集团花木公司等单位充分利用自身资源和技术优势，对奥运花卉进行全方位技术攻关。专家和技术人员采用花期控制技术，改变草本花卉播种期，将宿根花卉进行先期冷藏，对菊花进行短日照处理以及大面积实施容器栽培的工厂化手段，对引进品种进行科学驯化与筛选，最终筛选出近30个耐高温、花期长、色彩艳、花型美的花卉品种，如四季海棠、温室凤仙花、鼠尾草、孔雀草、小串红、万寿菊等，其中小串红、万寿菊是在园林工人精心栽培繁育下培养出来的本土品种。张树林说，为了防止这些经过多次筛选的花卉色泽退化、花朵萎缩、生长减缓，专家和技术人员曾在2005、2006和2007年冒着酷暑，先后在北京玉渊潭公园、紫竹院公园和海淀公园进行了定点栽培与展示，摸清了各种奥运花卉的生长特点、习性，针对这些花卉不同的特性与要求，进行分类管理，获得了满意的结果。

经过园林科技工作者的辛勤培育，许多原本在春天和秋天开放的花朵，就这样一起相约来到了北京的八月，这些五颜六色美丽芬芳的花卉经受住了奥运期间高温闷热的考验，从而保证了2008北京奥运会在鲜花的环绕中精彩开幕，又在鲜花的簇拥下圆满闭幕，它们不仅成为了北京城市绿化美化中的一道亮丽风景，更表明了北京的绿化美化事业以及花卉产业发展的科技水平，上升到了一个崭新的高度。

张树林还向我们透露了一个鲜为人知的秘密：奥运会上，获奖运动员从颁奖官员手中接过的红色月季是怎样从万花丛中脱颖而出的。那是专家组经过多次研究、反复试验后，最终一致决定选择拥有"我国十大名花"之一、"北京市市花"以及"具有我国自主知识产权"三重桂冠的红色月季，作为此次盛会上最令人瞩目的花朵。她那独特的深红，既代表着热烈与喜庆，又代表着中国的本色。

在2008这个神奇的年份，仔细观察北京的人们往往惊讶地发现，一夜之间，场馆周围和行道路旁就会矗立起一棵棵生机勃勃的大树。张树林告诉我们，在奥运会大量土建工程结束之后，留给园林绿化工作的时间已经非常有限。为了使北京奥运的绿化指标达到国际奥委会提出的要求，北京园林工作者还大量运用了带冠移植技术。为了使树木外形美观丰满，采取了冠内剪枝保留冠形的方式；为了保证成活，采取了打吊瓶外加营养的技术；为了防止病虫害，采用了生物防治技术；为了保护环境，使用了有机肥料……一夜成林的怡人绿荫，就是千万园林工作者这样呈现给北京、呈献给世人的。

"绿色奥运、科技奥运、人文奥运"，奥运离不开科技，离不开人文，同样，绿色也离不开科技，离不开人文。张树林认为，园林绿化不能单纯理解为只是种树摆花，它具有生态功能，不仅能够改变城市环境，而且还能再造自然，从而促进人文水平的提升和发展，三者相互促进，相辅相成。因此，绿色奥运的内涵也不应仅仅停留在绿化环境上，广义的绿色应该是一个生态的概念。生态环境是人类生存、生产与生活的基本条件，人类希望生活在草木葱茏、绿树成荫、鸟语花香、空气清新的绿色家园。"绿色奥运"理念蕴含着科学、理性和亲近自然的态度。张树林介绍，在这次奥运工程中，新场馆的建设，旧场馆和道路的环境改造，园林设计师都力求从自然的角度，尽量在建设和改造的过程中创造良好的生态环境，营造绿色植物空间；从布局和品种选择上，最大限度地使场馆与绿化美化相互协调，相得益彰。在再造自然，发挥生态功能方面，园林部门对环保和可持续发展也有着很多考虑。比如在许多地方采取模拟自然的设计，使人造景观尽量贴近自然；引进耐荫植物通过复层混交，使单位面积中的绿量更多；在材料的选择和施工上，尽量采用环保的、可降解的材料，充分利用可持续的资源大量使用透水透气材料和节约型的设施；优选抗性和耐性强的植物与花卉等等，都融入了环境保护和生态协调的理念。按照打造"节约型园林"的思路，2008北京奥运会绿化工程还参照国际先进技术，针对北京具体实际，对奥运150多个绿化项目的供水保湿工程，进行了灌溉系统和灌溉方式的科技攻关，依据不同植物种类和不同土壤环境，分别采用了滴灌、微喷、渗灌、精准灌溉等节水型灌溉技术。这些技术可以根据植物生长期间对水分的实际需求，适时、定量地为植物提供所需水分，避免了植物过干或者过湿。现代化灌溉技术不仅将节水效能发挥到了最大限度，而且科技含量也达到了世界一流水准。此外，为了在这次绿色奥运中最大限度地解决北京水资源匮乏给绿化工作带来的问题，北京宝贵的雨水和废水处理后的中水，也在绿地和花木浇灌中扮演了重要的角色，不仅如此，园林部门还对中水使用的情况进行了跟踪与监控。这些节水措施不仅为北京的绿色奥运和科技奥运增添了光彩，而且也充分体现出了人文奥运的精神，还为缺水的中国在建设节水型社会的实践中，摸索和积累了宝贵的、值得借鉴的经验。

回顾规模宏大的奥运绿化工程，作为这项工程的设计评审和工程咨询专家，张树林对2008北京奥运会的绿化工作给予了高度的评价，她认为北京奥运绿化成果从规划设计水平、艺术审美角度来看，充分体现出了北京作为国际化大都市的庄重、典雅、大气又不失蓬勃朝气的风格与特色，在继承以往优势的同时，充分借鉴与糅合了国际园林的绿化精粹，从而形成了2008年北京独具特色的奥运绿化。

张树林还告诉我们，评价一个绿化美化工程的优劣，从专业的角度来看，主要是看绿化美化与主体环境、外围环境是否彼此和谐、相互烘托、相得益彰，不能把二者割裂开来孤立地看。她认为这次奥运会绿化美化工程中设计最为出色的是奥林匹克公园，中央大道的树阵气势恢宏，从南向北，雄浑庄重的树阵逐渐过渡到自然环境，再过渡到更加自然的森林公园，体现出城市逐步与自然融合的理念，而花卉的点缀也以其颜色的不同设置于不同的场景之中，参差错落的树木给人们再现了纯天然的风貌……

回顾历时7年的奥运绿化工作，张树林感慨万千，她对当年组织园林绿化设计者参与北京奥林匹克公园设计方案的激烈投标至今难忘。因为这是对中国的一项重大国事的参与，是展示行业风采与成果的宝贵机会，表达爱国赤诚之心的历史性一刻，为此张树林感到非常激动和兴奋。作为新中国成立后我国第一代国家级园林科技专家，张树林认为，这次奥运绿化工程促进了我国城市绿化和园林美化工作的科技进步，提升了我国城市绿化美化的技术水平，加速了我国城市绿化美化现代化的步伐，也创造了北京城市园林绿化美化史上的一个奇迹。

谈到历经7年辛勤耕耘的奥运绿化成果，在今后应当如何进行管理和持续利用时，张树林语重心长地说，党的十七大首次提出了"生态文明"的理念，这对于园林绿化工作是非常重要的，需要我们认真思考，深入理解，贯彻落实。生态文明意味着人与自然的和谐，只有人与人、人与社会、人与自然间实现了和谐，才能真正构建起和谐社会。对于奥运绿化成果的管理与持续利用这个问题，张树林告诉我们，北京园林学会在奥运会结束之后已经开始组织各个层面的专家学者进行研究。围绕如何巩固、利用和保护好奥运遗产，科学、持续地做好后期养护工作，怎样使今后的园林绿化美化工作更加贴近生态、更加人性化，从技术业务层面如何推进生态文明的全面发展等等，这些都是需要认真研究的问题和总结的经验。总之一定要把绿色奥运成果巩固好、发展好，惟有如此，首都北京的环境才能可持续地改善，蓝天白云、鲜花绿草才会长久地陪伴在人们的身边，融进人们的生命里。

采访结束，已是夕阳低垂。放眼望去，融融春光中，奥林匹克森林在春风中曼舞，绿色奥运播种的花朵在春天里绽放，奥运绿化工程在春日里苏醒……无论绿树、鲜花还是碧草，它们都在用自己的芬芳与色彩，组成一幅幅万紫千红的画卷，这些画卷簇拥着美丽的首都，装点着壮丽的北京，幸福和欢欣着来到这里的每一个人。今天，尽管时光已把人们带入了"后奥运"时代，但绿色奥运给北京带来的妩媚与秀丽，仍然处处愉悦着人们的视觉，时时清新着人们的心脾。不仅如此，绿色奥运所打造的绚丽景观，还将成为一笔丰厚的人文遗产，留给我们的子孙后代，留给我们祖国的未来。而在这笔壮丽、厚重的人文遗产背后，屹立着我国园林绿化科技领域中一个个巨人的身影，汇聚着献身我国园林绿化事业无数精英和劳动者的无私奉献，他们的名字将和永载史册的北京奥运会一起，写入中国 2008 年的历史！

无与伦比的北京奥运会结束了，但是，无与伦比的绿色奥运精神还在继续。

附：张树林对《景观》杂志的寄语：希望《景观》杂志沿着弘扬我国园林文化的方向继续前进，把北京丰富的园林文化内涵更加充分地展示给广大读者。

文／陶鹰

（《景观》杂志高级编辑）

让皇家园林
在北京建设世界城市中大放异彩
——访北京市公园管理中心党委书记郑秉军

◎郑秉军

"北京市公园要想在北京建设世界城市的目标中发挥作用，成为重要的元素和支撑，就必须找准切入点，把握着力点，放大闪光点，赢得发展的主动权，把自身打造成为全国公园行业的典范。"

——郑秉军

2009年12月底，中共北京市委十届七次全会召开，"世界城市"一词首次出现在北京市市委书记的工作报告中。市委书记明确指出，北京要瞄准建设国际城市的高端形态，从建设世界城市的高度，加快实施人文北京、科技北京、绿色北京的发展战略，以更高标准推动首都经济社会又好又快发展。

围绕建设世界城市这一重大历史命题，北京市各行各业都在积极思考和行动。作为北京市公园行业，面对这一重要历史机遇和挑战，应当何去何从、何作何为，才能使公园的发展与北京市的发展紧密相关？寻找一个怎样的切入点，才能使公园事业与北京建设世界城市的伟业协调并进？打造一个什么样的平台才能使公园工作与北京建设世界城市的工作接轨？这些问题，自市委十届七次全会召开以来，一直萦绕在北京市公园管理中心党委书记郑秉军的脑海之中。为了求解以上问题，本刊记者对郑秉军书记进行了专访。

六月的北京市公园管理中心，绿荫掩映，冬青树花开幽香沁人。郑秉军书记的办公室面积不大却紧凑典雅，透出浓浓的书卷气。墙上一帧"三马争先"图，折射着房间主人奋发有为的精神追求。窗外布谷声声，鹤鸣阵阵。置身于公园环境，会让人对"和谐优美""环境友好"这些词汇，有着更深刻的体会与回味。

郑书记幽默诙谐，平易近人，能在瞬间缩短彼此交流的距离。当记者问到，应当怎么认识公园事业与世界城市的关系时，郑秉军书记侃侃而谈：要把握这两者之间的关系，首先必须弄清两个问题：什么是"世界城市"？城市园林与世界城市之间有什么关系。众所周知，"世界城市"是指国际大都市的高端形态，是对全球的经济、政治、文化等方面具有重要影响力的城市。然而世界城市不仅具有世界影响力，而且也是世界高端企业总部和高端人才的聚集地，国际活动和国际会议的召集地，同时，它们还是国际旅游目的地。这些条件都是构成世界城市不可或缺的重要元素。从世界城市的功能和特点来看，无论是国际活动的召集地也好，还是国际会议之城也好，尤其是作为国际旅游目的地，在其软实力上都离不开这个国家的历史和文化，在其硬环境上，都离不开宜人的环境。这种环境包括绿化、美化、环保、节能、宜居等等，能够给人们身心带来极大的享受。很难想象，一个大都市里，满目皆是钢筋水泥建筑，没有宜人的优美环境，没有园林艺术营造的如画风景，它怎么可能成为国际活动、国际会议的召集地？又怎么可能成为国际旅游目的地？从这个角度来看，环境质量是一座城市能否成为世界城市最前置的条件。而城市园林又是城市环境的重要内容。公园与园林承载着城市的历史文脉，历史文脉是一个城市在长期发展过程中形成并积淀下来的历史文化特色，是一个城市与其他城市相区别的标识和可持续发展的根基所在。公园和园林的品质高低，决定了这个城市环境品质的高低。比如当今国际社会公认的世界城市，伦敦市里英伦王朝留下的一系列皇家园林，纽约城中规模宏大、匠心独运的中央公园和其他园林景观，东京都里星罗棋布的大小公园，巴黎城内名扬四海的壮丽皇宫，这些瑰丽的文化遗产和文明结晶，都成为这些世界城市在硬环境上的有力支撑。

对于北京公园在北京世界城市建设中的位置和作用，郑书记谈到，既然绿化美化、园林景观是建设世界城市的基础性重要元素，那么，直接和绿化美化相关联的公园事业，在世界城市建设中的重要地位和作用也就十分清楚了。但是，作为世界城市，北京与当今的其他世界城市的区别在哪里呢？这就不得不谈到中国特色这个概念。在当今全球一体化的格局下，世界城市的标准除了共性之外，还应有各自的特点。郑书记认为，由于各个世界城市所处的国度不同，各自的政治制度、文化结构存在着差异，世界城市在类型和特色上也会表现出多样性和差异性。那么，作为北京建设世界城市，就应该把目光瞄准在特色与差异上，寻找并且注入北京所独有的个性色彩。因此，北京在世界城市的建设中，应当充分展示自己所独有的禀赋和元素。而北京公园究竟有什么独特的禀赋和价值能够为世界城市建设贡献力量呢？对于这一问题，郑秉军书记说：在北京众多的公园中，以"三山五园"建筑群为代表的皇家园林和包括天、地、日、月、先农、先蚕坛在内的众多皇家坛庙文化，在世界上是独一无二的。北京现存的皇家园林是勤劳智慧的中国人民凝聚数千年造园经验和造园艺术而形成的物质文化结晶，是中华传统文化的高度浓缩和概括，它们几乎包容了中国古代文化艺术、科学技术的各个门类，反映出极其广泛的社会生活，显示了古代人民非凡的创造力和杰出的想象力，是我国传统造园思想、观念和知识的物质载体，体现了古代中国人对理想的人居环境的认识和追求，蕴含了丰富的哲学、美学、文学、环境学、景观学、工程学、历史学等内涵。以皇家园林为中心，北京形成了自己的历史轨迹、城镇肌理、建筑布局、交通网络、地名人文等文脉特征。可以说，北京皇家园林艺术是世界上首屈一指的环境艺术，它们代表并且体现了这座城市几千年的传统文化尤其是在环境营造和造园艺术方面的核心价值，这种集历史价值、科学价值、艺术价值、文化价值以及旅游价值于一体的核心价值是无法复制也无法超越的，并且在世界园林领域里拥有至高无上的地位，越来越广泛地受到人们的关注和认可。作为具有悠久发展历史和深厚文化底蕴的古都，这些皇家园林是北京鲜明的文化烙印和城市符号，如果没有这些烙印和符号，世界将面对的是一个陌生且魅力尽失的北京。一个没有自身文化底蕴的城市，是不可能成为世界城市的。因此，对于北京的公园来说，古代皇家园林建筑群及其所蕴含的深厚的中华民族文化底蕴与内涵，是北京建设世界城市的宝贵资源，它们不仅代表了北京特色，也代表了中国特色，理所应当成为北京打造世界城市环境元素中的中国特色的支撑。

既然北京的皇家园林在北京建设世界城市中承载着如此厚重的历史使命，那么我们应该怎样进一步理解皇家园林与世界城市建设之间的内在关联呢？郑秉军书记说：北京皇家园林的灵魂是博大精深的中国历史文化，挖掘和弘扬皇家园林自身特有的历史文化内涵，加强皇家园林学术交流和研究，开展符合皇家园林自身文化定位的特色文化活动和展览展示项目，发展特色文化商业经营，提高导览讲解服务水平，传播皇家园林文化和保护知识，最大程度地延续和传递皇家园林的历史文脉和精神气质，这些工作就是在扎扎实实提高北京城市的软实力，就是为北京建设世界城市彰显中国文化核心价值，就是为国际重大活动召集地、国际会议之城、国际旅游目的地打造优美、人文、宜居、充满魅力的硬环境。

那么，怎样才能使皇家园林文化事业融入并且助推北京世界城市的建设呢？对此，郑秉军书记指出，北京市公园要想在北京建设世界城市的目标中发挥作用，成为重要的元素和支撑，就必须找准切入点，把握着力点，放大闪光点，赢得发展的主动权，把自身打造成为全国公园行业的典范。他向记者透露，今年8月，由北京市公园管理中心和北京市公园绿地协会主办、北京皇家园林文化创意产业公司承办的"首届皇家园林文化节暨第五届北京公园文化节"即将开幕，这次文化节期间将同时举办"世界城市与皇家园林"主题研讨会，邀请国内外专家学者对皇家园林在世界城市建设中的作用、地位和价值进行广泛研讨。这两项重大活动的举办，标志着北京公园行业在北京建设世界城市的进程中迈出了实质性的步伐。为什么选择皇家园林文化的挖掘、展示和研讨作为活动的主题，郑书记告诉记者，这是基于以下几方面考虑：第一，为了给北京公园建设与发展和北京世界城市建设协同并进构建理论支撑；第二，以北京皇家园林品牌打造具有中国特色的世界城市寻找恰如其分的切入点；第三，为明年北京市将要召开的国际皇家园林研究论坛积累经验。郑书记强调，此次公园文化节之所以要着力打造皇家园林这一品牌，不仅是基于我们对北京皇家园林独特的历史、文化、艺术和价值的深入研究，而且也是基于对当今世界城市的比较分析。无论是纽约还是伦敦，东京还是巴黎，各自都有自己的城市符号和特色，各自都有自身的独特魅力。这种魅力不仅体现于外在形式上，更体现于它们各自的内在价值里。北京要与当今世界城市站在一条等高线上，她所拥有的古代皇家园林的悠远历史、文化底蕴、精美艺术、浩大规模、恢弘气势以及精湛园艺，是一笔绝无仅有的宝贵资源，也是全世界的稀有资源，更是打有中国文化烙印的特色资源。这些集中华民族悠久历史、中国文化艺术精髓、中国人民智慧精髓、皇家园林保护管理多种信息于一体的资源，被国际社会公认为"中华文明的有力象征"，它们最能代表中国符号，最能体现北京的厚重与辉煌，也最具有中国特色。有句话说得好，"只有民族的，才是世界的"，我们借助北京皇家园林这个极具民族特色的平台，在北京建设世界城市的进程中，通过皇家园林所蕴含的历史文化信息，以小见大，加强中国几千年文明史的对外展示和宣传，加强国际交流与沟通，改变国际社会一直以来对中国历史、中华民族以及中国文化那种碎片式的看法和偏见，给世界提供一个完整展示中华民族几千年文明史的窗口，打造一张具有北京特色世界城市的精美名片，吸引国际社会更多地关注北京、关注中国、关注中华民族灿烂的过去和美好的未来，让皇家园林给北京打造世界城市添上浓墨重彩的一笔，这不仅能够进一步提升北京的城市形象，赢得国际社会的认同，而且也有利于提高北京公园的国际竞争力。

围绕这些任务，应当制定哪些发展规划呢？郑秉军书记介绍，要使皇家园林为北京建设世界城市增添色彩和提升城市品位，需要我们积极挖掘、开发、利用皇家园林的文化资源，充分体现其内在价值，它们不仅对中国人有强烈的吸引力，而且对那些渴望了解神秘的东方文化的外国人，也具有不可抵御的诱惑力。因此，把开发文化旅游作为北京皇家园林的发展方向，不仅大有可为，而且意义深远。这既可以促进北京旅游业的进一步发展，获得良好的社会经济效益，也有利于这一文化遗产的进一步保护和利用，更有利于外部世界对中华传统文化的深入了解，增强国家之间和人民之间的友好情谊，促进不同民族文化之间的交流和发展，同时还有利于增强中国人民的民族自豪感，提升人们的文化层次和文化修养。与此同时，还必须进一步提升北京市公园行业的管理服务水平。2006年，北京市公园管理中心成立之初提出了"三步走"的战略规划。第一步，从2006年到北京奥运会召开，这个阶段北京市公园管理中心制定了初级标准，要求全行业整体改变风貌，使公园管理和服务水平达到奥运会举办水准。事实证明，被国际社会公认为"无与伦比"的 2008 北京奥运会，北京的园林事业为这届奥运会增添了"无与伦比"的绚丽色彩；第二步是在后奥运时期，要求全行业巩固奥运成果，使公园特别是皇家园林的保护、规划、建设、管理、服务和文化挖掘进一步制度化，以继续打造服务品牌和服务标准为载体，进一步提升北京市公园的品质与水平，纵向比较成为全国公园行业的典范；第三步是计划从 2015 年起，通过以深挖、展示、宣传皇家园林历史内涵和文化艺术精粹，推动北京市公园逐步与世界城市接轨，横向比较成为世界公园行业的典范。

对于落实到具体工作中，北京公园管理部门又应该从哪些方面努力，郑秉军书记说，除了传统的园林工作八字方针"保护、安全、建设、服务"要继续恪守之外，还要加大对公园文化尤其是皇家园林文化的发掘与宣传。在皇家园林的保护与管理中，以往更侧重于行政事务方面，对皇家园林深厚的历史文化艺术内涵挖掘和展示还不够到位，人们在游园时往往只看到了眼前的景物，对景物背后的历史文化渊源一无所知或者知之甚少，这实际上湮没了皇家园林所应当具有的传承与教化功能，使之仅仅流于形式美而丧失了内在的魅力与张力。因此，作为公园的管理者和工作者，要逐步把深入挖掘和展示古典皇家园林的历史文化艺术内涵方面的工作作为重点，通过品牌塑造、科技创新以及实施可持续发展战略，让中外游客在欣赏北京皇家园林的同时，充分了解和认知掩映在美景背后的中国历史与文化渊源，在对中华文明的认同感中，催发人们对中华民族的敬仰之情，同时激发人们自觉爱园、护园的热情和责任感，让不同层面的人到公园里来都能找到文化上的共鸣，都能得到贴心服务和精神享受，从而在根本上促进公园管理理念和服务水平与国际社会对接，与世界城市接轨。

在谈到将北京市公园事业发展与北京建设世界城市融为一体需要哪些措施保障时，郑秉军书记指出：公园事业是改善生态环境和提高人民生活质量的公益事业，体现着市民的幸福指数。首都公园是北京做好"四个服务"的窗口，我们要跳出公园从更高的层面认识公园在北京建设世界城市中的作用，把公园事业融入到首都发展的大局之中，融入到"人文北京、科技北京、绿色北京"的建设之中，努力在"三个面向""四个服务"中找准结合点，寻找突破口，拓展新功能。市委、市政府十分关心和重视北京市公园的建设与发展，在 2006

年就明确提出"面向世界，要成为展示中华文明的窗口；面向全国，要成为展示首都形象的精品；面向市民，要成为展示北京发展的舞台"，这既是我们不断为之努力的目标，也是我们工作不竭动力的源泉。围绕北京建设世界城市这一目标，市公园管理中心提出了精细化、人性化、个体化的服务标准，为每一位游客提供方便、热情、周到、细致的微笑服务，使每一位来到北京公园里的游客都能从中感受到首都公园的人性化服务和国际化品位。而当前和今后一个时期，我们必须全面巩固奥运建设的成果，大力发展公园文化创意产业，积极发掘北京皇家园林对北京的积极影响，创立公园行业的品牌，全方位满足游人需求，使北京公园成为全国公园行业的典范。这些努力不仅能够提升北京公园的品质与形象，提高广大中外游客游园满意度，而且能够促进社会的和谐与稳定，促使公园行业在北京建设世界城市的进程中，赢得发展的主动权。

在访谈的最后，郑秉军书记感慨地说：北京皇家园林是老祖宗留下的宝贵遗产，它们不仅是以往社会发展、城乡变迁以及人类思维形态的直观物证，而且也代表着城市的历史和尊严，是弥足珍贵的文化资源。作为北京市公园管理者，面对中华民族几千年传承下来的瑰宝，保护好、利用好、建设好，并且与时俱进赋予它们新的时代内容，是我们责无旁贷的历史使命。公园管理的本质就是服务，游人满意不满意是衡量我们工作的唯一尺度，是改进我们工作的出发点和落脚点。"以游客为中心、以服务为宗旨"这个理念必须永远传承下去，我们才能管理好公园，服务好游客，造福于社会。

文 ／ 陶鹰

（《景观》杂志高级编辑）

园林文化
与管理丛书

大家之见

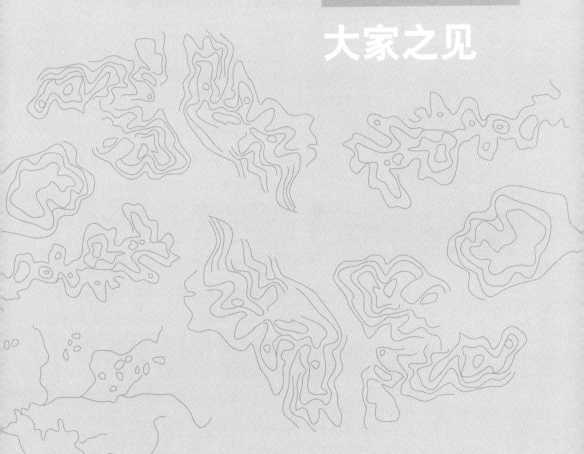

工程院院士孟兆祯访谈录

◎孟兆祯

采访孟兆祯院士是在他的家中进行的。他的家布置得很简朴，不是我想象中书籍汗牛充栋、凌乱堆放的景象，而是处处透露出艺术家的灵性。茶几上一束盛开的鲜花、一套考究的茶具；墙壁上的字画、柜子上的文玩，还有几只随意摆放的可爱的工艺小猴子，无不表现出孟老的生活情趣。最惹眼的是阳台，不大的空间里层层叠叠摆放着很多叫不上名字的花卉、植物，在冬天的阳光里

显得那样生意盎然。72岁的孟老一点也看不出他的实际年龄，他笑起来格外爽朗，说起话来更是掷地有声、神采奕奕，绝对一位风度翩翩、气度非凡、艺术家般的院士。从孟老的身上，我看到了科学和艺术的交融、理智与情感的碰撞。孟先生对科学的执着、对艺术的热爱和对国家、对社会强烈的责任感令我由衷地赞叹。

记者：谈谈您的近况好吗？

孟兆祯：我现在只教5个博士生，课不多，可是会多、出差多，所以没有多少

自己的时间，只要有时间，我就去西城区文化馆唱京剧。

记者： 以前在电视上看见过您在京剧票友会上的风采，简直是专业水平，您不是北京人，却能把京剧唱得这么好，没加入这行当，您是否觉得遗憾？

孟兆祯： 我很喜欢京剧，那时候我就想投靠京剧。可是京剧当时没有大学。但是我又想考到北京，当时只有两个专业可以选择，一个是农业大学的造园专业，一个是航空学院的发动机专业，发动机我根本不感兴趣，造园也是稀里糊涂。因为我是四川人，喜欢吃广柑，我就想造园是不是就是种广柑啊，于是稀里糊涂就学了造园。

记者： 您是如何爱上园林这一行，而且能钻研得如此深刻的？

孟兆祯： 刚上大学的时候，我也曾有抵触情绪，我的校长对我讲：造园是凝固的音乐。一听音乐，我就开始感兴趣了。后来渐渐地学习了书法、绘画，也明白了"艺术是相通的"这个道理。一位老先生曾经说："不管研究哪门学科，你都要把这个学科的基本理论搞清楚。"我把这个理论看来看去，最后悟出，研究园林必须懂得文化和艺术。到园林去调研，不懂得古文，连人家的对联都看不懂，怎么调查。搞园林的书法绘画都应该精通，中国园林本身是从中国文学、中国画发展来的，应该对园林设计者有绘画、书法基础方面的要求。比如中国传统文化把颜色、季象、音乐都统一起来，东方代表春天，是青色的；南代表夏天，是红颜色；这样世间万物都被有机地联系起来，而这些元素又被概括成"金木水火土"。只要吃透了，就会觉得非常有兴趣和乐趣。

记者： 但是现在的园林设计者似乎很忽略这样的专业要求。

孟兆祯： 对，因为大部分人不懂这个道理，他们不明白中国园林是在特殊历史条件下发展起来的，如果他们了解中国的历史，他们就会追求中国的民族形式，以民族之林立于世界。

记者： 可是现在各行各业都存在着盲目学习外国，而抛开民族的东西，甚至让外国的设计师来设计中国的园林。这是不是有点本末倒置？

孟兆祯：这个现象我也注意到了，我正准备在下星期的会议上强调这个问题。前一阵日本学者佐佐木在《北京晚报》上发表文章说：中国如果都用世界流行的东西来表现自己的话，那一定会伤害中国的民族特色的。他本人很欣赏颐和园，他说颐和园充分体现了中国特色和中国传统文化。我想，人家日本人都认识到了，我们自己还不当回事。现在城市建设的口号提得也比较乱。比如什刹海，它本来是一个传统的、典型的北京地方风格的景区，现在却要把什刹海建成"巴黎的左岸"，这个口号就是错误的。我们可以学习巴黎的优点，可不能把什刹海建成巴黎的左岸。还有一些说法，比如把世界名桥都建在桂林等。我们不是不学外国，而是不能搬了来用。齐白石说过："学我者生，仿我者死。"中华民族有着很多悠久、独特的传统，不光古代的园林，现代园林设计我们也是有一定水平的。我指导的学生中就有三个人四次拿过国际大奖，大赛有几十个大国参加，评委也是各国专家，中国学生能获奖，说明外国人能理解中国园林，赞赏中国园林，这其中除了学生的努力外，还与中国深厚的传统文化有很大关系。这也说明国际上也是认可中国传统园林设计方案的。

记者：除了对外国的盲目学习，还有国内不同城市或者同一个城市之间了的互相模仿的现象，比如前些年的"草坪风"刮遍了大半个中国。甚至有些西北省市也将大树伐掉，种上了草坪，您认为这种现象正常吗？

孟兆祯：当然不正常。盲目学习外国或者在不同城市营造出换汤不换药的景观病病根都是"抄袭"。关键问题在于想做却不知道怎么做。中国园林最重要的一个手法是"借景"，借即"凭借"，凭借地理的优越性，因地制宜，这就决定了不能抄袭，因为园林和建筑的创作之源是环境。欧洲的气候和我们的不同，夏天室外很凉爽，湿润，而我们北京的夏天很炎热，干燥。例如广东园林现在做得很好，但它也走过一条曲折的路，开始学习北京，建烈士陵园时，造了很厚的墙；后来又学江南，可怎么学都觉得别扭。经过几次失败的教训后，广东慢慢创立了自己的岭南园林，建筑空透，色彩淡雅，这才是符合地域性的建筑形式，正因为找到了自己的特点，广东园林在昆明世博会上一举夺魁。所以不能抄袭，要根据气候和自然环境的实际情况，即使学人家，也要学习如何找到自身的特点，而不是学表面。

记者： 北方这方面做得怎么样？

孟兆祯： 基本还可以，比如北京，从优点来讲它的建设能反映一种时代精神，与民族传统有所结合。不足之处也有，有些地方拿钱堆砌工程，很少强调民族特点、地方风格。刚刚要建设的奥运森林公园就是一个例子。公园的建设要实事求是，绿色、科技、人文奥运应该是统一的。什么叫森林，它是一个集中的自然生长的植物群，加上植物、动物、微生物、土壤、气候等环境的总称才叫森林，包括原始森林和次生林，其他只能说是树林。所以在 2008 年建成"森林公园"的提法本身就是不科学的。外国也有许多森林公园，可人家的公园本身就具备森林的条件，装上可以休息的桌椅和公共设施就可以了。

记者： 是不是可以说建公园容易，建生态难，尤其是城市的生态系统？

孟兆祯： 对。生态系统实际上就是生物和环境的关系。"生态"其实是个中性词，有些地方提倡建"生态省""生态市"，实际上只要有生物存在的地方就有生态。有些口号提得就很明确——"生态良好、环境优美"。城市生态系统建设就是在学习自然，但城市缺乏完善的自然环境和空间，因此要经过改造，要在很小的环境中体现植物群落，就需要人工的创造性，把自然植物群落转变成人工植物群落。上海做得比较好，很早就重视城市生态系统的维护，从调查自然植物群落开始，逐渐把它们运用在城市里面。比如植物种植上，高处的乔木是什么，中木是什么，下木是什么，地被是什么，谁和谁放在一起协调，他们做了许多具体工作。

记者： 上海做得好是因为气候好呢，还是人的原因？

孟兆祯： 主要是人的原因，人与自然协调。很多地方都提生态环境，只是提一个口号，而不落实，上海是踏踏实实做的。中国传统文化把自然和人的关系说得很清楚：人与天调，天人共荣，这也是我们民族的文化观和世界观。其实"以人为本"的思想是欧洲文艺复兴时提出来的，主要是针对"以神为本"的社会观，但针对整个世界来说，首先应该是人与自然相协调，"景物因人成胜概"，就体现了人在其中的作用。中国的文字也有体现。比如"大"字，一人为"大"，但一大为"天"。人本身是自然中的人，但人是能发挥主观能动性的。所以上海的成功就在于首先调查植物群落，再将自然的东西很好地运用到城市中，一方水土养一方人。北京的很多植物不是冻死的，而是干死的，所以我们要从选种、育种上下功夫。

什么是城市？城市是人类聚居、借以生存和生活的环境。北京走着国际化大都市的道路，但对国际化大都市是什么样的园林和绿化水平考虑得不够。北京条件还是很好的，城市格局比较疏朗，不是非常密集，这是其他许多城市无法比的。人是好的，人多了就不好了。比如香格里拉每平方公里只有四个人，而一些大城市每平方公里有 1～2 万人。

记者：按照您的理论推理，城市和生态本身就是矛盾的？

孟兆祯：城市和生态确实有一定的矛盾，但我们要把社会生产和自然环境看成是同步的协调建设过程。这个矛盾在于城市建设之初，不可避免地会破坏一些自然生态环境条件。所以我们提出，要尽量保护城市用地上的自然环境资源。意思就是说，不要把整个用地上的自然环境全部破坏后重建，而是要把破坏减少到最小程度。比如山、水，现在普遍的做法是炸山、填湖、填海，老觉得地方不够用，实际上水陆的比例反映了一个生态平衡。现在为什么经常闹水灾，一个原因就是上游的森林破坏了，造成水土流失，携带泥沙下来，河床变高，出现低流量高水位；另一个原因是城市建设对水道的破坏，很多沼泽本来是容水的地方，现在都被填成陆地了，水来的时候没地方去，造成水灾。治水也是一样，不能老是筑堤，堤越筑越高，最后滨海或滨河的城市看不见水了。为什么都江堰已有 2000 多年的历史现在还能用？古人已将治水的经验刻在墙上——"深掏滩、低作堰"，只筑上面，筑到多高是个头？所以城市建设要尽量保护自然环境，即使破坏了，以后也要补偿。

记者：自然生态已经在城市建设中被破坏了，造人工生态又不是一两年的事情，那我们的生态工程又何去何从呢？

孟兆祯：生态系统固然不是一两年就能造出来的，但是我们可以用科学的方法缩短这个过程。比如北京，最困难的就是寻找合适的下木，因为下木既要耐阴又要耐旱，荆条可以，但是荆条不是很稳定，不能仅指着它，我们可以研究什么植物又耐旱又耐阴，一定是有的。所以这还是一个尊重科学的问题，根据不同的地方因地制宜，在工作中吸取自然植物群落的某些因素，来创造人工的植物群落，只要找到合适的植物配置，经过一段时间，一块块用地不大，绿量和叶面系数却很大，既美观又有文化品位的植物群落是一定能造出来的。

记者：其实中国的古代园林在植物配置上是有很好的先例的，只是在历史进程中渐渐被破坏了，发展到今天，很多园林既不能延续历史，也不能因地制宜、有所创新。

孟兆祯：历史给我们创造的经验是可贵的，但是不够的，后人必须有所发展。古人在建园林的时候是很注意季象变化的，比如苏州的环秀山庄，它的面积实在是很小，可是那么小的地方，却能照顾到植物在春夏秋冬四季的变化。春天是紫藤，还有一座紫藤桥；夏天是一棵紫薇；秋天是一棵青枫；冬天是一棵白皮松，以精炼的点植反映四时景色。再比如北京，现在都讲究多样化，但是也不能绝对，天坛就是侧柏纯林，这样的情况比较多，纯林看起来不多样化，为什么呢？因为从树根到树干、树叶都是富于变化的。天坛为什么种侧柏，因为天坛是祭天的，而且必须苍璧礼天，侧柏四季常青，像玉一样；而且侧柏也是土生土长的北京树种，古代的华北平原都是侧柏丛林，大葆台汉墓用料也都是侧柏，北京种侧柏的历史已经有八九百年以上了，说明这种树是很适应北京气候的。

记者：江南有山有水，为园林的营造创造了极好的条件，而北京气候干燥，是典型的缺水城市，那么北京如何发挥用水造景的功能呢？

孟兆祯：北京在古代并不是一个缺水的城市，尤其是西山一带，以前圆明园就是一片沼泽地，叫丹棱沜。当初选首都不可能选在缺水的城市。北京的水源基本有两条，一条是永定河，一条是潮白河。另外水是变化的，今天是水，明天就变成陆地了，本来北海就是永定河的旧河床，后来慢慢地变了。既然变了，就要适应这个变。元代水不够用，就开辟昌平白浮泉，开了以后还让它往西边引，调整了历史的水系。1953年圆明园的泉水还有一米多高，水源是很丰富的，后来随着地下水的过量开采，现在这样的景观就没有了。北京作为都城，过去讲究引水贯都，为什么会有后海、北海、中海呢？就是引水贯都造成的。现代国际生态学家的观点认为：城市的中心是一个大气环流带，这个地方要么做水面，要么做绿地。其实这是我们的祖先在几百年前就走过的路。

记者：我们现在是不是缺乏对一个城市规划的总体的把握，因而造成市政、绿化、建设的不协调？

孟兆祯：这个问题在于首先要认定城市规划是一个综合性的项目，单纯是学城市规划毕业的要逐步掌握综合的城市规划。我的想法是，让城市规划专家担纲，还需要生态、园林、水利、交通、建筑等各方面的综合因素，这样在城市规划中就不至于破坏古迹和自然生态环境。比如德胜门，当时说要把城门楼子蹭掉一个角，就有一个古建园林组马上写信反映，得以制止。就是说，如果主持城规的人有这种意识，古代的东西就能保存住。城市的副市长中最好有学城市规划的，抓规划的必须有尚方宝剑，所谓尚方宝剑就是真正按照"三个代表"办事，而不是谁的官大听谁的。如今北京的古建筑破坏太大了，朱家溍先生在临终前还多次呼吁"千万别再拆了"！现在又开始强调北京的轮廓，强调老城的风貌，还要重建一个永定门，既然这样，我们就应该反思一下，早知今日，何必当初呢？现在北京城市总体规划正进行修编，前景是很光明的。

记者：时下比较流行的遗址公园，您认为对恢复历史真实性有益吗？

孟兆祯：当然有益了。这些地方是历史的原址，在城市建设中，我们是用铲土机铲掉呢？还是保留呢？我们选择了保留，但光保留破墙，这在城市里是很难处理的，那么把周围的环境绿化起来，作为休息的地方，不是很好吗？特别是有些区，绿地本来就很少，我觉得这个方向是对的。可是在实际操作中，我们发现绿地并不多，多是大型雕塑，是对自然环境无益的建筑。当然雕塑语言是比较丰富的，但它不是艺术语言的全部。中国古典园林里也有雕塑，比如乐山大佛，它不需要运石材和挪地方，这是很聪明的做法，而且保护得也好。不能笼统地说雕塑不好，只是要用得恰到好处。室内与室外的雕塑是不同的，室内的可以随意理解，室外则要有环境，例如杭州孤山北面有一个坡，是一个石头岗，雕塑家就利用那个自然环境雕了一个"鸡毛信"——一个少年手持红缨枪站在石头岗上，旁边还有一头羊，其他的羊悠闲地在山坡上吃草，营造了一个很自然的环境。如果把这个石头岗去掉了，那"鸡毛信"就没法存在了。这就是室外雕塑，脱离了环境就无法存在，环境是皮，雕塑是毛。所以任何建设都要把好质量关，不仅在生态上，还要在环境优美和反映民族精神上下功夫，一定要避免赶工程和政绩工程。

记者：多年来，您一直为我国世界遗产的保护做着工作。您能否给世界遗产的发展道路指个方向。

孟兆祯：世界遗产的意义在于向后人展示民族和世界的历史文化。我们要好好地爱护前人留下的宝贵遗产，它是多少代人积累起来的历史成果。之所以搞世界文化遗产，就是为保留古人的东西，主要不是经济上的遗产，而是文化上的遗产。争取一个世界遗产并不是我们目的，我们的目的是发扬中华民族的传统和文化。保护遗产首先是保存它的原真性，而我们很多文物曾遭到过破坏，比如文化大革命时期，这是无可挽回的，但不见得局部有破坏，就得不到联合国的认同，它同样表现了历史。这时，我们需要实事求是，不能弄虚作假，如果有作假的行为，就要主动承认，总有一天会大白于天下，务实求真是至为重要的。其次是保存它的完整性。就是在尽可能的范围内保护它。保护范围不仅局限在墙内，还包括墙外的环境，而这个环境是很难用数字表达的，300米、500米都不能完全概括，在视域范围内都不允许建高楼，这是对世界遗产的污染。我们能看见，在颐和园西面建了一个不是很高，距离也不近的标本楼，看着就是很扎眼；颐和园南边一片一片的居住小区若靠得很近更会对遗产造成破坏，保护一个颐和园，并不是只保护好墙内的环境就万事大吉了。再比如西湖，十几年前有一个描写西湖被破坏后的漫画——西湖像一个被高楼包围起来的脸盆，现在我仍然记忆犹新。今天的西湖已经印证了漫画的内容，当地人用一个词来形容西湖，叫"不堪回首"，从西湖走出去还行，可千万别回头，据说现在把安徽的民居也建上去了，欧洲的建筑也摆上去了。对这些不可再生的遗产，千万不能惟经济利益或轻举妄动。美国政府要员游览天坛后遗憾地说："中国别的东西我们可以学，唯有这名胜古迹我们学不来，我们的历史太短了。"连外国人尚且珍视我们的遗产，我们更没有理由破坏它们了。

我们必须全民动员来保护遗产，这代表人民利益很重要的方面。保护的道路像一条历史长河，它要源源不断地流淌，不能到我们这一代就不流了。十六大"继往开来，与时俱进"的口号也提醒了我们，不能只是"开来"，还要"继往"。单纯为经济目的而破坏它们，是对中华民族文化的亵渎，专家和民众应该携起手来为遗产的保护工作贡献力量。

记者：您今后有什么打算？

孟兆祯：以前没退休的时候就想过，退休后要好好玩玩，有时间干点想干但一直未干的事情，可是后来的院士终身制又让我无暇顾及自己原来的想法。我一直想写一本专著，可是两年才写了4万字，还主要是在"非典"时期完成的，其他时间大部分是在全国各地跑来跑去，什么时候我跑不动了，就踏踏实实地完成我的书。

文 ／ 谷媛
（北京颐和园研究室主任）

古建筑的守护神

——国家文物局专家组组长罗哲文访谈录

◎罗哲文

居住园林化、城市园林化、国家园林化。"园林是最好的人居环境"，这是接受采访后罗老的开场白。"从我国历史上看，从秦汉开始就是这样，包括帝王宫殿，古园林都是和居住环境结合起来的。几千年来都是这样，园林文化内涵也是最为丰富的。从建筑、到山水、到动植物都可以包容在园林文化里面。从建筑角度讲呢，可以说园子里各种类型建筑都有，如宫殿、亭、台、楼、阁、假山、水榭，可以说是全了！我 16 岁在四川考入了中国营造学社，开始学习古建筑研究理论，同时也把园林作为很重要的一部分，因为中国的建筑都和园林有着密不可分的联系。凡有古建的地方也大多有古园林存在。从我个人居住来看，也始终没有离开过园林。1946 年我来到北京，工作在由清华大学与中国营造学社合并的研究所，家就住在西苑，出门不远就是圆明园；1950 年，我调到文物局，在北海团城上班，住在景山黄化门，现在搬到安贞里来，离古园林远了，还有点遗憾，对于北京的园林，我住其中，对它产生了很深的感情，我最希望的是：居住园林化、城市园林化、国家园林化。

　　"北京园林、甚至全国园林，与我的工作十分密切"，这是罗老很深情的一句话。"解放初期，北京成立了都市计划委员会，彭真负责，梁思成先生在其中，我参加了总图规划组、园林绿化组的工作。1991年改称首都规划委员会，里面也有一专项是园林专业，我的朋友李嘉乐是其中之一。当时很早我就对北京园林的保护、发展作过调查研究。作为文物保护的顾问，颐和园、北海……我一年不知要去多少次。"

记者：我们知道北海永安寺就是您亲自参与保护的？

罗哲文：对，我是作为专家组顾问参与制定保护方案的。从文物保护的角度来说，园林是古建筑里的重头项目。北京的园林里面，世界遗产、古典文物是很多的，今年天坛要修祈年殿、颐和园重修佛香阁、北海也要修白塔，我认为是很有必要的。对这些古建筑要防止人为破坏，还有风雨侵蚀的自然破坏，我觉得对大群古建筑每年都要保养，一些小的工程如屋顶排水、防渗漏……到一定时候要进行大修。这几年配合奥运，应该进行大修。市政府、国家都很重视，拿出资金，拿出方案，专家论证，招标施工，一切都按规矩来办！这点非常必要。从保护的角度来看，我觉得北京总的来说还是不错的，但也有一些问题，主要是加强管理，防止人为破坏，还要加强维修。

记者：近些年来城市建设很快，您认为应该怎样处理好发展建设与文物保护的关系呢？

罗哲文：这个问题其实在解放初期就已经提出来了。1953年，北京市开过一个会，吴晗市长主持的，林徽因（梁思成夫人，也是我的老师）发表了最后一次谈话。当时有一种说法：旧的不去，新的不来。其实我认为，一点不动不可能，关键是要找出好的解决办法，要通过调查研究，进行规划，合理安排。对于北京这座历史名城要划出历史文化保护区，在保护的前提下去发展，保护同发展不应成为一对矛盾，它们的关系应该是：相辅相成、相得益彰、协调发展、相互促进。

　　对于保护与利用古建筑问题，罗老侃侃而谈："我一直主张古文物古建筑一定要利用，特别是古建筑，不用就废掉了。我把它称为一保二用：保是前提，用是目的。方针是：保护为主、抢救第一、合理利用、加强管理。要发挥古建筑、古文物的作用。从社会效益上讲，可以用它作为爱国主义教育、革命传统教育、科研活动、艺术鉴赏；从经济效益上讲，可以发展旅游业，旅游业现在可以说是北京的支柱产业了。据了解，北京旅游业每年综合效益有上千亿。"罗老还挺诙谐，谈到这儿，他说："这次国民党高层访问团来北京前，主席连战不是还特派副主席江丙坤率团到香山碧云寺向孙中山先生衣冠冢拜谒了吗？看来古文物、古建筑还有凝聚中华民族的作用呢！"

记者： 颐和园、天坛等被列入了世界遗产名录，您认为对它们的保护有什么作用呢？对一些历史价值很高的园林、古建还未被列为世界遗产，您有什么看法？

罗哲文： 现在世界遗产组织有个规定，每年一个国家只能选一个点进行申报，受到了名额的限制，这样我们可以分步骤来进行。对于已列入世界遗产的，人们对它的价值认识就提高了，有利于对它的保护。没列入的，比如北海，这座历史最悠久的皇家园林，按其价值也是够的，要抓紧工作，争取早日列入。为了更好地保护和加以利用，也可以从门票上考虑，北京有些古典皇家园林，门票是低了点，比如北海、景山，可以适当提高一点，提高到老百姓能够承受的水平。北京市对老年人、学生、军人、离休人员都是有优惠政策的，这点很好。

记者： 您认为在对文物保护这方面，政府、管理者、老百姓都应做些什么呢？

罗哲文： 我的看法是，政府为主、社会参与、有钱出钱、有力出力。国家对文物保护有义不容辞的责任。对这件事要制定法律，执行法律。要设立机构，要有人管，要提高人们的认识。老百姓可以以社会团体形式参与，也可以个人名义参与，参与的方式很多，成立志愿者队伍，搞宣传，捐款都可以。有很多爱国华侨就曾捐款修筑长城，这样的事情不少。在公园、风景区要有执法队伍，加强管理，防止破坏，防止偷盗。制止乱刻乱画，按宣传——劝阻——强制这个路子办。我就在园子里头看见有人爬上树、爬上一些建筑物拍照，很不好！要有人管，制止这种行为。

谈到那些被占据了的古建筑、风景名胜，罗老的语气加重了！他老人家强烈呼吁，重复了好几遍："要腾退！"他讲："当时是借的，借的就要还！现在应该还给人民！只有退出来才能维修，颐和园恢复了耕织图，天坛恢复了神乐署，这很好。"罗老还列举了一些如颐和园的织镜阁，北海景山之间的大高殿、西山风景区的玉泉山、北海的仿膳、景山的少年宫……这些都需要恢复！"要有专门机构来管理这件事。既然是归还，就不能要钱，政府要下决心，下命令，还给人民！"

对于北京景观今后发展前景罗老说："可以专门就园林里的文物保护在《景观》杂志里进行一期介绍，作专题研究。北京古老的燕京八景：西山晴雪、蓟门燕树、琼岛春荫、居庸叠翠、卢沟晓月……要专门去找一找，查一查资料，可以恢复起来；同时也不能光吃老本，要有计划地建一些传统式的新园林，我称她为'中国传统现代化'。既继承传统，又要适合今天人民的需要。在规模上，大、小都要有，在新小区里，建一些小的园林景点，让老百姓出了家门就能欣赏，有了资金建一些大的。《景观》杂志的宣传面可以再拓宽一点，自然的、文化的、城市绿化、城市风貌，外省市的大山名川、风景文物都可以宣传，也可以加些文物保护的内容，总之，可以再广泛一些。我也预祝《景观》杂志越办越好！"

文 ／董玉玲

（玉渊潭退休干部）

舒乙"上书"

——访全国政协委员舒乙先生

◎舒乙

早已耳闻舒乙先生的学识博大精深，尤其是对承德的研究更是独树一帜。他在《塞外胜境承德——一个最具象征意义的地方》这篇美文中，提出了一个引人瞩目的观点："它绝对是中国境内最特殊、最高级、最好看，也最有价值的城。承德的价值非同一般，在民族团结方面，它是首屈一指的，其重要性几乎无法估量。它是中华民族团结的象征。"为了充分体现和传承这一重要价值，舒乙先生继2001年向中央提出重修北京颐和园、香山、北海等地的藏式建筑的建议被采纳并且政府已拨巨款实施后，他于2002年又上书国家领导人，阐明了承德在构建民族团结方面的重要历史意义和现实意义，指出解决好承德的问题，意义重大，因为这是一个现成的伟大平台，并且又提出了建立以承德为中心的民族区域发展战略思考。

为了探究舒乙先生为北方古典园林中的藏式建筑的重修与利用，多次上书中央的动机与意义，《景观》杂志记者拜访了百忙之中的舒乙先生，请他为我们揭示隐含于承德"非同一般"的宝贵价值和现实意义，以及建立以承德为中心的民族区域的必要性和重要性。

未与舒乙先生谋面之前，记者也曾去过承德，正如大多数游客一样只知其形，不知其魂。借此采访机会，经过先生的指引，一个丰满立体而底蕴雄厚、壮丽辉煌而意义非凡的承德凸现眼前。舒先生介绍承德包括清王朝的夏宫——避暑山庄，外八庙，即设在关外的十二座皇家寺庙，高原坝上的皇家猎苑和练兵处——木兰围场。前两处已于1994年被联合国教科文组织确定为世界文化遗产。而实际上这三个地方是不可分割的，承德不是指单一的一座城池。承德自建成清王朝避暑山庄后，康熙皇帝自己来过21次，一住就是小半年，他的孙子乾隆皇帝则来过49次，往往由阴历五月初住到九月中。可见承德虽然名为"行宫"，实则是"陪都"，是当时和北京连在一起的整个国家的行政、军事、社会中心，其重要性不言而喻。

舒先生特别提到，在避暑山庄里有一座皇家寺庙，叫永佑寺，里面立有乾隆皇帝晚年的一座御碑，上面刻着他的一篇名为《避暑山庄后序》的文章。此碑平常不惹人注意，实际却极为重要，它正是避暑山庄的"魂儿"。在碑文中乾隆透露：康熙皇帝当初建承德避暑山庄是为了"就和"关外少数民族首领的。那时北京流行天花，关外的少数民族首领多因不适应北京气候条件很容易感染上天花，故而害怕到北京来。康熙为了"诘戒绥遐"，即为了过问少数民族的情况并安抚他们，自己反倒主动到塞外来，这样，塞外的少数民族首领就放心了，可以就近多次拜见皇帝，接受他的询问和安抚。碑文还提到：康熙皇帝建承德避暑山庄是要倡导种理念，就是故意要皇子、大臣、将军、士兵经常在野外长途跋涉，风餐露宿，甚至不能及时进食。提倡"崇朴爱物"，即崇尚简朴，爱惜物力。此外乾隆皇帝在文章的最后还痛心疾首地说，其实在避暑山庄的建设上不应过于奢华。以上三条第一条阐明了统一战线的重要性，民族团结是国家的头等大事，要特别关心少数民族的情况，要刻意走近他们；第二条阐明了艰苦朴素的重要，在艰苦条件下磨练意志养成尚武和纯朴的坚毅性格；第三条强调居安思危是颠扑不破的真理，要时时牢记，如果反其道，就会有亡国的危险。舒先生认为整个避暑山庄的价值除去历史、文物、环境等客观因素之外，究其精神方面的永恒意义，应该全在这块石碑上了。

而外八庙是整个承德建筑的关键所在。从历仿西藏后藏日喀则的扎什伦布寺而建，一座是模仿西藏最古老的山南三摩耶庙而建，一座是模仿新疆伊犁固尔扎庙而建，还有一座庙的主殿外形是模仿北京天坛的祈年殿而建。这五座庙全部是依照边远少数民族地区的寺庙而建的，仿佛把西藏、新疆、内蒙古自治区等地区最著名的寺庙搬到了一起，建在了皇帝的眼前，使之成为皇家寺庙。除了这五座与西藏地区、新疆地区、蒙古地区直接有关的寺庙之外，外八庙中还有一座仿五台山的殊像寺而建的殊像寺，一座仿浙江海宁安国寺而建的罗汉堂，以及一座以戒台为主体的广安寺。这八座寺庙实际涵盖了东西南北中全部国土，颇具象征意义。据此，舒先生认为，承德的外八庙是中华民族团结的象征，也是我大中华统一的象征。它们雄辩地证明了西藏和新疆自古就是中国不可分割的一部分，西藏、新疆的少数民族和祖国大家庭的其他兄弟姐妹亲如一家。而五座各具风采的少数民族风格寺庙，又为中华民族大家庭内部的交流提供了一个绝妙的舞台，充分显示了少数民族地方政权和中央政权的密切关系，展示了中华大家庭的多民族性，也展现了中华文化是多个民族共同缔造的不争事实。同时外八庙的存在也说明清王朝当时就为今日的民族团结奠定了坚实的基础。更精彩的是这五座喇嘛庙彼此完全不同的布局特别，建筑特别，组成了藏式建筑的博物馆群，但却设在了内地，它们的唯一性造就了它们的伟大和不朽，而它们的主题都指向了中华民族团结这个大题目。

舒先生还提到，2010 年中，他再次去到承德，寻访带藏字、蒙字的石碑，结果收获巨大，在承德共发现了 20 块带藏字、蒙字的石碑。这个数字表明，承德此类石碑比北京还多，而且还不包括围场的在内。其中有一块最为特殊，是避暑山庄主门丽正门上的石匾额，上面是用五种文体篆刻的，除了汉、满、蒙、藏之外，还有维文，这是全国唯一一块有五种文字的石匾实属罕见和难得。碑文内容都是涉及少数民族的，既有纪实性的文字，又有政策性的阐述，其离不开的主题宗旨可以归结为"绥靖荒服，柔怀远人"，定边疆安抚地方的人民"俾之长享乐利永无极"，使他们能够安居乐业永远享受幸福和快乐。

舒先生着重提到分布在外八庙里五座喇嘛庙中的九块石碑，除去乾隆为承德城隍庙题的碑之外，剩下的八块石碑实际上是讲了五个完整的民族团结故事：有关于土尔扈特蒙古部归顺的故事，有重建伊犁的固尔扎庙的盛事，有平叛准噶尔暴乱的故事，有兴建普乐寺的故事，有 1780 年乾隆 70 大寿的时候西藏班禅六世自动前来为皇帝祝寿的故事。总之，散布在外八庙一座座石碑上的，都是镌刻着富有强烈政治色彩的诗文，它们也是当时清王朝安邦立国的宣言，清晰地记载着当时清王朝团结边远少数民族共同安邦治国的感人史实。

此外，舒先生还为记者讲述了围场坝上的几块石碑所记载的几段壮丽史诗。1759年秋季，乾隆皇帝在承德围场行猎，正值新疆平定准噶尔暴乱节节胜利，乾隆先后写诗五首，其中有两首直接和此次战事有关。1760年乾隆又来到围场，见景生情，又写了一首诗。这些诗后来被刻在一块石碑上，连同1751年写的九首，刻成了《于木兰作诗碑》。此碑立在今日河北隆化县境内，紧挨承德市，原属于围场境内。诗作中与新疆平乱战役直接有关的诗句有："廿围倏葳事，二竖待成擒。贞符如卜克，愿即递佳音。"（意即：20天秋弥行将过去，两个小子即将就擒，但愿捷报真的很快传来。）"卜克诚然协瑞符，新疆田牧创长图。尔时原来废游猎，临大事当有若无。"（意即：卜问果真应了吉祥的捷报开创新疆农牧光明前程，那时并未停止秋弥活动，遇到大事胸中镇定自如。）"果协贞符吉日岁九月初过此有'贞符如卜克，愿即递佳音'之句，回銮未逾月，捷报果至，早传逆贼擒。"（意即：然有如问卜的吉言，很快传来了生擒逆贼的捷报。）从这些诗句可以看出，这块乾隆御碑记载的是非常重要的历史文献，它雄辩地说明：新疆自古就是中国领土不可分割的部分，任何企图分裂它的事和人都是注定要失败的，必然遭到坚决抵制和反对，决不会得逞。因此它理当受到很好的保护和传承。

有鉴于此，舒先生站在中国历史与发展的高度，本着中华民族大团结的赤诚情怀，向国家领导人提出了如下具体建议：

首先，应从大局出发结合现实国情，大大提升承德的宗教民族文化遗产群在全国的政治地位，把它当成我国的一张重要的现代政治牌，去好好地加以利用。从宏观的角度出发，建立以承德为中心的民族区域发展战略。其次，由国家拨专款对尚未开放的已残破的但有特殊重要意义的安远庙（伊犁庙）和殊像寺加以大修，恢复原貌，并尽快开放。对已开放的其他五座大庙也要有计划地填平补齐进行维修。对规划中的环境整治搬迁计划，要坚决执行加速完成，外迁疏散居民，加设联通外八庙之间的高标准道路，以利参观和朝拜。再次，重新对承德的城市地位和城市发展规划进行考量，把重点放在中华民族团结这个大立足点上，着眼政治，强化其与北京密不可分的政治联系。如在避暑山庄和外八庙之外投巨资建国家元首级的国宾馆、大型高级国际会议厅、最权威的宗教领袖的驻地、国家杰出人才疗养院、国庆民族观光代表驻地、全国民族统战会场和表彰会场等等。充分利用外八庙这块神圣庄严的胜地，显示我中华民族大家庭和谐团结的形象。此外，应对承德市容加以彻底改造整顿，要有限高，要求风格要贴近避暑山庄和外八庙总体环境诉求，加大园林化力度，加快承德周边道路建设，特别要加强和北京、北戴河的快速道路系统建设，分流北戴河的避暑客流，形成各有侧重，前者是海滨，承德是高原、草原、温泉和古迹，重点是民族团结。把坝上木兰围场的保护、利用、开发提到日程上，规划并建设宛如瑞士一般美丽的自然风光休闲区，打造北京的后花园。为了重现昔日辉煌，应由政府出面做出再次返还外八庙各种宗教文物珍宝的决策。最后舒先生还提议：应当给予承德地区以特殊的政策优惠，将它作为个战略特区、对内对外宣传教育的一个窗口。

对舒先生的采访，加深了记者对承德由表及里的认识，也理解了先生为使承德重新焕发昔日风采而奋笔上书国家领导的一腔赤子之情。透过北京皇家园林和塞外承德比比皆是的藏式建筑，我们再次深切地感受到在北方皇家园林中蕴含着伟大的历史、政治、社会、文化内涵和意义，结合近年来我国西部边疆的实际情况，反观舒先生的政治嗅觉与韬略，重读先生《塞外胜境承德——一个最有象征意义的地方》和他上书国家领导的信，不由令人心潮起伏，感慨万千……

> 后记：中央高度重视舒先生的建议，已经决定拨款 6 亿元人民币，对承德外八庙和避暑山庄进行维修和保护。此款已成为新中国成立以来最大的一笔文物保护经费。目前此工程正在国家文物局的主持下有序地实施。消息传来，全国各民族人民无不欢欣鼓舞，拍手称快。鉴于舒乙先生对我国园林事业尤其是对涉藏文物修复利用的宝贵建议和重大贡献，2011 年 9 月舒先生被北京市公园管理中心、北京市公园绿地协会和北京市风景名胜区协会评选为北京市第二届"景观之星"，并且颁发了荣誉证书。

文／陶鹰
（《景观》杂志高级编辑）

陈向远和他的城市大园林

◎陈向远

"城市大园林是中国城市发展的必由之路，基于这种认识，我才义无反顾地投入到这本书的写作中。虽然，我很清楚地知道，自己的认识还不成熟，但我仍然要把自己的想法写出来，如果能够引起大家对城市大园林的重视，并能在此基础上产生更好的著作，我愿意作一块引玉的青砖。"

——陈向远

陈向远老人坐在我们对面，心平气和地娓娓道来。"城市大园林"是陈老30年园林绿化工作经验的总结，也是他30年园林绿化工作孜孜以求的目标。阳光透过窗子洒在他的身上，脸上带着平静的微笑，就像谈论自己喜爱的孩子一般。

城市大园林的理论发轫于1985年，那年的12月，北京市第二次园林工作会议召开。在这次会议上，陈老和其他几个同志根据毛泽东主席"大地园林化"的要求和北京的实际，提出了建设首都大园林的口号，要求对首都北京进行普遍园林化，"城市大园林"理论由此产生。

什么是城市大园林？当时认为，应该在北京1.64万平方公里的土地上，以古典园林、现代公园为基础，同时将建园理论和技艺因地制宜地运用到其他各类绿地中去，使北京这块大地实现园林化。虽然这种认识还很粗线条，但是，可以看出它已经具备了"城市大园林"的基本内容。

如果说，第二次北京园林会议是"城市大园林"的形成期，那么，随即展开的亚运会场馆及附属设施的绿化工作就是这一理论的大练兵。

1990 年第十一届亚运会在北京举办，是 1984 年 9 月 28 日亚运会委员会做出的决定。到第二次北京园林会议举办，城市大园林理论提出，时间已经过去了一年有余，北京的园林建设基础却不容乐观，除了从皇家园林改造而来的古典园林和长安街上时有时无的行道树外，偌大的北京难得见到像样的园林与绿化，任务已经迫在眉睫。

当时陈老正在北京市政管委副主任任上，又主管园林绿化工作，因此亚运会绿化建设工作就压在了他的肩头。亚运会绿化建设在中国是破天荒的事情，没有经验可以借鉴，陈老和亚运绿化分指挥部的同志走遍了北京城，他们根据北京的现实和十余年的工作经验，坚持规划先行，终于制定出合乎实际的建设方案。规划决定了，实际运作又遇到了麻烦。

彼时，亚运会场馆结构建设正在如火如荼地进行，绿化工程无法立即插入施工；但树木是有生命的，它们能否成活和健康成长，需要时间的验证。既不能坐等场馆建设工作完成，又要顺利完成绿化任务，怎么办？经过和亚运会绿化分指挥部的同志商讨后，决定采取先外围、后场馆，先抓育大苗、后施工的方式。

整体的规划思路既定，接下来的工作就容易理顺了。陈主任要求园林科研所、绿化处苗圃、花木公司苗圃储备大苗、并为亚运会的绿化美化工程研制和引进新型名优品种花木，为下一步绿化工程建设奠定了坚实的基础。接下来，他们的工作从亚运场馆的周边设施展开，首先要绿化的是当时北京的两条"项圈"：二环路、三环路。陈老的这一做法，遭到了部分专家的质疑。不过，陈老坚信先规划、后施工，从总体把握整体工程、因地制宜的大园林原则是正确无误的，他和他的工作小组坚定地、按部就班地工作，二环、三环的绿化工作有条不紊地展开。

几年的时间过去了，二环、三环彻底改变了模样，角楼映秀、坝桥金色、百花深处、海棠花溪等20处景点，像穿在丝线上的一颗颗珍珠，发出夺目的光彩。赏花、观景的市民、游客挤满了各个景点，市委、市政府的领导也赶来指导工作，他们被眼前的美景吸引住了，这还是那个五年前的北京么？

实践是检验真理的唯一标准。陈主任"城市大园林"建设的基本原则在二环、三环路的绿化中得到了验证，曾经以怀疑眼光看待的人也无话可说了。

有了二、三环路成功的经验，陈主任建设城市大园林的信心更加坚定起来，其后，由陈主任亲自主抓的亚运村花园、石景山体育馆绿化建设等工作，进一步贯彻了城市大园林的建设理念，城市大园林的建设理论也在实践中得到的验证和充实。

亚运村是全体运动员居住的地方，周边的五洲宾馆和会议中心，分别是接待各国官员及召开会议的地方，而这些建筑又都是高大的洋房，建设规划中的六公顷公园就坐落在其中。如何建设好这样一个公园？陈主任和亚运绿化分指挥部的同志在认真分析了若干设计方案后，为了达到将高大建筑和空间绿化完美结合，绿化和美化协调统一的结果，他们决定在这里建造一座典型的古典园林。充分运用以小见大的手法，在花园中间堆起一个土山，一座八角重檐亭建在山顶之上；蜿蜒的溪水自山上流入山脚下的湖中，其间各种花木巧妙搭配。为了减弱高楼与花园间巨大的高度落差，拓展花园的绿化效果，他们还在花园的外环路上栽植了一批高大的乔木和开花灌木。这样一来，居住在楼宇上的人们，只要一推开窗子，满眼的绿色就会映入眼帘；走在不大的花园中，独具中国特色的亭台流水、草木花卉不仅营造了温馨的环境，也时刻提醒这人们，这里是中国，这里是北京。

石景山体育馆的绿化面积只有微不足道的0.6公顷，难以形成大气磅礴的绿化效果。陈老和石景山区园林局的同志一致认为要转变思路，不要局限于体育馆本身的绿化面积，要着眼于体育馆整体环境的设计与绿化。在此思路引导下，设计人员转变思路，开始在体育馆周边环境上做文章。设计人员首先将体育场与旁边石景山路相邻的一个陡坡改成斜坡，并沿坡种植各色草花，摆成大气的花卉图案。体育馆东侧是一条废弃铁路，路东为松林公园。设计人员决定将所有相关绿色连接其中。他们在体育馆东侧种植了大量的松树，一直延伸到山脚下，再在铁路两边栽种了一些开花的灌木，这样就将体育馆的绿化带成功地与松林公园连成一片，有效地创造出大规模的绿化效果。

亚运村场馆成功地实现了园林化，同时也为今后如何实现园林化提供了样板。城市大园林因地制宜、因需而建的重要原则很好地体现在建设中。

盆花装点节日环境于 1983 年成功运用后，受到有关领导和广大市民的关注与欢迎。在亚运绿化工程中，陈主任把盆花装饰作为美化城市的重要手段。这时候，陈主任还将绿化处、科研所、苗圃、区县及相关单位组成一条龙，将花卉品种筛选、繁殖、培育、组摆加以科学分工，一一落实。

亚运会绿化工作的完成，不仅在北京园林局历史上书描绘了光辉的一页，同时，也让陈主任的城市大园林的理论得到了实践的验证，在这一过程中，城市大园林的理论也相应得到了完善和充实。每当谈到这些，陈主任总把成绩归功于大家，"城市大园林理论不是我一个人的发明，他是集体智慧的结晶，没有李逢敏、牛家庆、张树林、檀馨等人的帮助，不管是这一理论的形成，还是这一理论的实践和验证都是不可能实现的，与他们的友谊是我一生的财富……"

城市大园林是一个综合工程，既包括新型园林的建设，也包括古典园林的保护与恢复。北京与其他城市的重要区别在于，他丰富的古典园林遗产，清代建都于斯，使得这里保存了古典造园最丰富的遗产，颐和园、天坛、北海、香山……对于古典园林，陈主任认为，就可能的条件对其原貌进行保护与恢复。建国后，由于形势的变化不少园林建筑被其他单位所占用，迁移占园单位，恢复建筑原有功能成为陈老的关注点。多年来，他为此做了很多工作。

如今弹指一挥间，距城市大园林的提出已经过去了 20 年，北京的城市绿化发生了翻天覆地的变化，"城市烟树绿波漫，几万楼台树影间""万家掩映翠微间，处处水潺潺"。从高空鸟瞰北京这座古城，映入我们眼帘的已是一片生机盎然的绿色，数百座公园犹如散落在玉盘中的大珠、小珠，装点着这个城市；徜徉在城市的街道间，带状的、环状的绿树给硬邦邦的水泥建筑平添了无尽的生气，绿色的屏障下，都市的人们恣意地享受着清新的空气。

1996 年，为北京园林事业奋斗了 30 多年的陈老光荣退休了。虽然职务上离开了园林事业，但他的心却一直关注着北京园林的建设与发展；与此同时，他也有意识地对自己的工作和感受进行总结。基于对全面建设城市大园林的认识，陈老决定把这些东西写出来，书名为《城市大园林》。为此，年逾八旬的陈老不时挤出时间进行写作，五年期间七易其稿。

"北京的园林建设已经取得了很大的成就，2008年奥运会也日渐临近了，奥运会的绿化工作应该怎么搞，北京的园林建设今后应该如何发展，是园林工作者应该积极思考的问题。这些年，我一直在思考，城市大园林到底是什么？我觉得，它是一个原则，是以所在城市地理区划为载体，古典园林与新建园林协调发展的结果，是因地制宜、按需建设的园林建设方案，生态与自然是它的基本特点。"

智者的痛苦，在于他对事物发展的慧眼和预测，在于他在世人了解和行动之前的焦急思考。随着城市的发展和建设，不断出现新问题使整个城市的园林化不断延续，问题在于建设的过程需要准确地把握合理的原则，这也是城市大园林的精髓所在。

这种忧患意识，使这位老人能退而不休。"仰不愧于天，俯不愧于地；至于别的，我一无所求。"老人这样说。

老骥伏枥，志在千里。《城市大园林》就是陈老这伏枥的老马发出的响亮嘶鸣，我们渴望它早日面世，成为陈老献给2008年奥运会和北京园林绿化事业的一份厚重礼物。

文／王珞玮

（原《景观》杂志工作人员）

梅花院士陈俊愉

◎陈俊愉

采访陈俊愉院士约在星期日的晚上。陈老言：在他的生活中，没有休息日和工作日的概念，只要工作着，他就快乐。采访中谈到动情处，88岁高龄的陈老，激动得站起身来，声音高亢、情绪激动、笑声爽朗、神采飞扬，一点不像他的实际年龄。从他身上，我既感受到他对祖国的挚爱之深、对社会责任感之重，又深觉他是一位充满乐观与豁达、让人敬重的智者。

国花是国家的名片

采访是从国花评选谈起的。"全世界 100 多个国家确立了国花，为什么有着'园林之母'的中国至今尚未确认国花呢？"谈起这个话题陈老有着太长的经历和太多的感慨。他从 1982 年开始倡导国花评选，至今已过去 20 多个年头，他说："主要就是某些领导与群众不了解国花是干什么的？是什么性质？在认识上存在两个误区，一是把它太政治化了，过分慎重了就会犹豫不决。二是某些地区、团体或个人被局部的、短期的、狭隘的经济利益所障眼，贻误了时机。

其实这个问题很简单，我们应该把国花评选这件事放在国家利益上来考虑，长远地、全面地、出以公心地考虑。国花和政治经济有一定的联系，但不应因个人喜好和区域经济利益而将国花评选工作人为政治化或地方经济化。公平、合理、开放、透明的国花评选，主要目的是认识和弘扬祖国文化，普及花文化。同时从政治上有利于祖国和平统一和民族大团结，"从经济上有利于推动我国的花卉产业化，推动中国的花卉走向世界。"陈老讲："国花的推选过程实际上是一个爱国主义的全面大宣传过程，是对广大人民群众一个科普与文化教育的过程。因此要从全国的大局出发，让人民参与、认识、了解国花，熟悉和热爱国花，通过评选国花，评出我们的民族精神来！"

祖国遍开姊妹花

1982 年始，陈老开始倡导中国自己的国花，当时他提出让梅花作为国花。了解陈老的人都知晓，他老人家 26 岁开始研究梅花，30 岁出版第一部梅花专著《巴山蜀水记梅花》，为梅走遍大江南北，为梅如醉如痴，也曾为梅"家破人亡"，如今他是世界梅之权威，人称"梅痴""梅花老人"和"梅花院士"。就是这位老人，1988 年主动放弃一国一花，首次提出"一国两花"的建议，那就是梅花和牡丹。陈老称之为"祖国遍开姊妹花"。文章发表在上海《园林》杂志上。

2005 年 7 月份，他联名 62 位院士倡导双国花的评选。访谈中陈老列举了评选"双国花"的几大理由："一是照顾全国：梅花、牡丹都是原产中国，栽培历史悠久，它们分布在祖国的一南一北，具有更广泛的代表性；二是有历史的延续性：这两花都曾做过国花，清朝末年慈禧曾封牡丹为国花，并在颐和园建国花台。民国时期约 1929 年后，梅花曾被定为国花，在南京建立了梅花山；三是梅、丹两花一乔木一灌木，一个冬春开花，一个春夏开花，代表了两种物候类型，在园林应用上更丰富；第四更为重要的是这两种花都是中国人民所喜爱的花卉。中国的花文化源远流长，很早就有用梅、爱梅、赏梅、吟梅、艺梅的习惯，对梅花有着深厚的民族感情，'凌寒独自开''梅花香自苦寒来'代表了中华民族不畏困难、坚贞不屈的性格。而牡丹雍容华贵、国色天香则代表着人民对祖国繁荣富强的期望。"

说到这个话题，陈老的紧迫感溢于言表，他说："这些年由于我们尚未确定国花，在包括1999年昆明世博会等不少场合中，使我们陷入尴尬和被动。为了促进国花评选的早日定局，陈老曾花一年的时间、自命课题、自费研究，查阅150多个国家宪法，最后得出结论：国花是不上宪法的，与国旗、国歌、国徽、国都有本质的差异，各国国花评选历来以约定俗成为准，最后政府认可即得。同时国花又是代表国家的群众性表征，是民间推选出的国家象征，从这个意义上讲，评选国花又是一件很严肃的事情，也不能朝令夕改。我们现在评选国花，着眼点应主要放在花本身，2008北京奥运转眼即至，2010上海世博会也已临近，2006年春天必须把国花评选出来，让老百姓皆大欢喜。"

重提大地园林化

记者：多年来您一直主张重提"大地园林化"，近些年来您认为这方做得如何？能给我们谈谈您的想法吗？

陈俊愉："我极力主张1958年毛主席提出的'大地园林化'。大地园林化是对整个国家的山野、平原讲的，但重点是城镇园林化，当时毛主席提出这个口号是经中央政治局作出决议的。这个号召把生态、环境、生产、景观以及农业、工业、手工业、生活等各方面问题全部联系起来、综合起来了。积我60多年之经验，园林绿化、风景园林是综合性的，过分强调某一环节都是不恰当的。毛主席曾讲，要把整个国家打扮得都像公园一样。这些年对生态破坏的惨痛教训实在应该引起我们高度的重视，我国的沙尘暴不仅吹到日本，甚至吹到美国，成了国际问题，森林的减少，沙漠化的严重，再不治理后果不堪设想。"

陈老以世界版图上两块最好的地方美国与中国相比较，他列举了海岸线、原始森林、沙漠和耕地，人口、科技和教育，以及双方受一、二次世界大战的影响，他说："美国是第二次世界大战的受益国，而我们则损失惨重。现在我们必须痛下决心，在自然方面要走大地园林化的道路，在人文方面要特别重视科学教育。"他特别强调的是民族自尊心和民族自豪感。他说:"古代,我们一直在世界上占有领先地位,近二三百年来我们落后了。但中国是很有希望的,我们绝不可以妄自菲薄,自己看不起自己!"

陈俊愉:"这是一个方向性问题,这些年来,在园林建设上,我们的目标是什么?主攻方向是什么?不明确,以至于盲目洋化、西化。我是从事园林教育科研工作的,没有方针无所遵循,于是,便从文化部"偷"来一个方针。第一句叫弘扬主旋律,譬如中国自己的、优秀的东西要弘扬,比如建筑、雕塑、绘画、音乐、文化……方方面面的优点,要发扬光大;第二句叫提倡多样性。外来的、好的东西不排斥,吸收进来。这个方针也可以借用在园林上。中国的园林是世界上有名的,曾经对世界园林产生过巨大影响。中国的园林融建筑、艺术、美学、文学为一体,讲究诗情画意,曲径通幽,小桥流水,委婉曲折,真如世外桃源,令人神往……"

讲到此处,陈老一连串的排比,仿佛将我们带入那如诗如画的情景之中。

陈俊愉:"我国的园林尤其对英国影响极大,他们二三百年前曾派人到中国来学习,学成之后,砍掉了95%的法国规则式一览无余风格的园林,重建了中英结合的自然风景式园林,最具代表性的就是邱园皇家植物园。而我们自己现在却要盲目西化。我预言,50～70年之后,中国也要拆掉一批不伦不类的园林和建筑。"

讲到这个话题,陈老激动地说:"在国际上开会,让我们汗颜,西方有人说,现在保持东方园林风格的是日本,要到东京、奈良去看东方园林。而历史悠久的花卉大国,历史上曾经有2000多种花卉从中国引出境外,而我们现在却一味用洋花、洋草,民族花卉抬不起头来,建筑设计要听房产主的,建筑风格乱七八糟。我称它为拿着金饭碗讨饭,可耻又可怜!当务之急我们要大力研究中国园林向哪里去?有关领导部门要把它统起来,不要失职!不要让'孔方兄'占据设计领地。"他老人家一再强调,这是民族自尊心、民族自豪感的问题,不要都忙着去挣钱，要花点力气做科普、科研工作。让民族精神在园林建筑、园林绿化上发扬光大起来……

铮铮傲骨育梅花

访谈中我们已然感受到陈老那铮铮傲骨的梅花精神，可他老人家一再说，向梅学习，向梅学习。话题谈到了他正致力于的鹫峰梅园建设，这是陈老一生中继武汉梅园之后又一杰作。陈老说："正在建设的'北京国际梅园'是一个高质量的精致梅园，所用品种全部都已国际登录。有近30种室外越冬的品种和200个室内精美品种，全部由我们设计、布置。由于我们被国际园艺学会批准为梅品种登录权威，现已由我们登录了全球261个品种，这使我们具备了创建国际梅园的条件。"

北京国际梅园预计在2008年元旦前建成，占地5.5公顷，陆地品种按陈俊愉、周家琪创制的"花卉二元品种分类法"布置，既反映科研成果，又体现文化内涵和艺术韵味。梅园打算在2008年3月即奥运会召开之前开幕，并举办国际梅花展览品评，迎接中外游人，让梅走向世界！

文／董玉玲
（玉渊潭退休干部）

志存名山大川 复兴山水文明

——访北京大学世界遗产研究中心主任谢凝高

◎谢凝高

北京大学有一位著名的教授，与泰山、雁荡山等名山有着不解的情缘，徒步上山几十次。半个世纪以来，他走遍天下名山大川，人送雅号"现代徐霞客"。不久前在中央电视台的"百家讲坛"节目里目睹了"侠客"，果然不同凡响，眉宇间透着正义，谈话中流露着智慧。

在学术界颇有声望的谢先生并不给人以居高临下、盛气凌人的感觉，一双和善睿智的眼睛，显现得更多的是他作为大学教授的儒雅和谦和。三个小时的谈话，让我领略到那种国家利益高于一切的胸怀，感受出一颗为人类宝贵遗产的命运操碎了的心。"屡战屡败、屡败屡战"是先生笑着说出来的，可是我几乎快哭了。我为我们国家的知识分子感到委屈，更感到阵阵的心疼。"当我们来到这个世界上，地球母亲将我们抚养，我们吮吸着母亲的乳汁，却常常把母亲遗忘！"母爱是无价的，遗产也是无价的，让我们每一个人都设身处地地为母亲想一想，为遗产的未来想一想，让原本充满生命力的母亲永远健康。

"游遍名山大川，是我儿时的梦想"

从 1955 年考入北京大学当学生到现在，算起来，谢凝高先生在北大已经整整半个世纪了。是什么吸引着他在这条路上一走就是一辈子呢？少年时代的谢凝高家住在离雁荡山不远的山区，那里是他儿时的乐园，奇秀雁荡，仿佛浓缩了自然界的一切，各种各样的昆虫、叫上名和叫不上名的树木花草、丰富多彩的山水，是他和小伙伴们的最爱。长大后，雁荡山又成了老师带着学生常来的画画写生的地方，渐渐地，他明白了自己缘何如此钟情于她，皆因她美得自然，美得纯粹。报考北大时，他也是抱着一种"我要选择一个可以看遍名山大川"的朴素心理选择了地质地理系。那时的大学生不像现在，他们有很多社会实践的机会。在老师的带领下，谢先生先后参加了长江流域水运网规划，十三陵、人民公社规划，以及 1959～1961 年西线南水北调的综合考察。到 60 年代末，谢先生几乎跑遍了祖国的山川大地。

"考察山，带我走上了研究风景名胜的学术之路"

1982 年，建设部提议，经国务院批准建立国家风景名胜区的决定出台后，谢凝高先生主持成立北京大学城环系风景研究室，由十几名跨院系的教师组成。恰逢建设部的一个十分重要的课题——《泰山风景名胜资源综合考察评价及其保护利用研究》任务下达给北大风景研究室，并由谢先生担纲，组织了 16 个学科的老师，在泰山管委会的大力协助下，开始了为期 3 年的科学考察研究。3 年时间，他从东南西北，先后 23 次登上泰山，全面深刻的科考，使他深感泰山自然文化价值之珍贵，这次考察也为 1987 年泰山申报自然和文化双重遗产打下了坚实的基础。当年的申报文本得到了联合国教科文组织专家的高度评价："中国的泰山把自然和文化有机地融合起来，给世界人民开阔了眼界。"

泰山的科学美学价值和历史文化价值之高是毋庸置疑的，那么我们应该好好地保护它。怎么才能维护泰山的完整性和真实性，使之世世代代传下去，又成了谢先生心头的大事。谢先生和所有关心遗产的专家一样，坚持了 20 年，反对了 20 年，可是到头来还是决策者说了算。他说："看到泰山上的索道，就像看到亲人额头上被砍掉一块，还钉上钢筋铁链，尤其坐缆车，深感泰山受伤之重"。从此，他走上了保护遗产，与各种破坏行为做长期论争的漫漫征途，虽然他自嘲为"屡战屡败，屡败屡战"，但我们坚信任何的努力都不会白费，终有一天我们的遗产会以真面目示人。

谢先生说，泰山索道破坏的不仅是中国几千年的文化，还大大缩减了游人的游览内容，游人误以为泰山就是在索道上看到的样子。还有更重要的一方面，索道很大程度上影响了地方经济，"富了一家，穷了大家"。因为到了泰山脚下，30分钟汽车可达中天门，8分钟缆车到南天门，一看这令人遗憾的山顶小商城，中午就赶到曲阜了。如果没有索道的误导，登上并游览泰山起码要一天，这样就自然要住在泰安，住宿费和餐饮费的收入比索道票收入多得多，从就业机会而言，发展泰安的服务业所创造的就业机会也比几条索道带来的就业岗位多很多。游人也能从"登山如读史"的健行中，认识体验泰山的世界价值。古代就是如此，明代的泰山脚下就有各种等级的旅馆。此外，泰山顶上的商业街及大量宾馆饭店等非遗产建筑和构筑的喧宾夺主，破坏了它的真实性，真古董被假古董包围了。从整体上讲，不但误导游人，而且泰山的经济效益也降低了。

"保护第一，开发与保护是不矛盾的"

"在任何时代，遗产的保护都是发展和利用的前提，没有保护就谈不上发展和利用。而所谓保护，就是要禁止和限制对自然文化遗产地进行经济开发，以突出其自然科学价值、自然美学价值和历史文化价值，发展精神文化功能。反过来说，任何景区都要搞开发，不开发是不行的，开发与保护本来就不该产生矛盾，之所以产生矛盾，就是没有正确处理保护与利用、社会效益与经济效益的空间功能关系。"谢先生对于那些利用所谓的"矛盾"做破坏文章的人和事深表遗憾。

遗产本身就是国家和人类的一笔宝贵财富。在保护遗产的前提下，通过区外开发旅游和相关产业，使资源转化为财富，完全可以达到保护和开发相协调的效果。有些地方直接在核心景区建宾馆、饭店、娱乐设施，破坏了地形、文化遗产和生态环境。任何遗产都是不可再生的，一旦进行大规模的商业开发，必然会带来无法恢复的生态灾难。这种把遗产地当成了旅游经济开发区，甚至提出"把风景的名山变成经济的名山"，这种错误的观念直接引发了大规模的破坏性开发。一个很好的解决办法是"山上游，山下住""景内游，景外住"，少数大风景区可建有限的过夜设施，这是中国名山保护利用的传统，也是世界许多国家公园的做法。谢教授曾到韩国的智异山国立公园考察，感触颇深。面积达 400 多平方千米的公园，山上一座宾馆也没有，只在不显眼的地方有几处安全、卫生、简朴的山庄，就是简易旅馆，里面是双层通铺，一间房可容纳 42 人。为了减少污染，保护自然景观，这里只供应饮用水和电，还有公共卫生间及其污水处理设施，不供应炒菜，游人都是自带干粮。管理人员说："在山下，有最豪华的宾馆；但在山上，总统来了也一样。"来旅游的人各取所需，何乐而不为呀！

之所以造成开发与保护的冲突，主要的问题是没有认识到遗产的价值和功能。遗产的功能首先是科研，没有科研，就不知其价值，更不知如何保护和利用其价值。其次是教育，其一是爱国主义教育，其二是科普教育，任何一个国家都将其世界遗产当作国家的一种荣誉。第三个功能是旅游。第四是启智。第五是创作体验等。而上述这些功能都是精神文化功能，而非经济功能。巨大的经济效益，自然地连锁产生于区外及整个国家。

"错位开发和超载开发是遗产面临的最大威胁"

"我国对世界遗产的保护远远不够，"谢先生说："近十几年的错位、超载开发，不少风景区人工化、商业化、城市化程度加深，导致景区自然度、美感度、灵感度严重下降，自然生态系统遭到空前破坏，同时也给旅游者带来了精神上的损失。"

所谓错位，一个是性质上的错位，把自然文化遗产的精神文化功能改变成经济功能，变成经济开发区了；另一个是空间位置的错位，把旅游服务基地建在风景区内，现在的泰山顶上变成了一个小商城，武陵源、张家界锣鼓塔成了商业街了，这些都直接影响了世界遗产的品位和质量。所谓超载开发就是人满为患，尤其是屋满为患。谢先生说，世界遗产的性质就是保护性的、社会公益性的、传世性的人类遗产，从来没有见到哪个国家将世界遗产的性质界定成旅游资源。将遗产保护地变成经济开发区，这必然造成自然文化遗产的破坏性开发。

中国不缺有识之士，而缺有识之决策者。目前我们的遗产破坏得如此严重，恐怕不是自然之力能及，最大的祸根在于决策者和开发商的相互妥协和利用。不要动不动就把责任归结在国民素质不高，国家经济不发达上，其实，现在通过舆论的宣传和教育的普及，全民保护意识已经有了很大提高，大部分人都会觉得泰山修索道不合理。据网上统计，75%的人支持拆除泰山索道。泰安老百姓给谢先生写信说："我们支持专家意见，拆除泰山索道，索道富了一家，穷了大家。"可是修索道有经济利益，开发商牟利，决策者有功啊！

如何才能避免世界遗产的错位和超载开发呢？谢先生指出：一是尽快立法，依法保护遗产地的真实性、完整性；二是建立国家统一集中管理的体制；三是成立由多学科专家组成的委员会，参与相关决策和监督；四是以保护为前提，严格按照功能分区，整治错位开发，制止超载开发"谁把祖宗留下的老本吃光了，谁就是历史的罪人！"

"保护不力，归根到底还是体制问题"

世界上大部分国家的国家公园都是由政府统一管理，而在中国，大大小小的遗产和风景区像被割裂的面包，你管你的，我管我的，各有各的小政策。地方管理本身又有很大的局限性，他们缺乏全局意识，只局限在自己狭小的利益圈子里，为了局部眼前利益，把当地遗产和风景区当成摇钱树，毁景牟利，这样做是不利于遗产保护工作的。谢先生说："我国把遗产地交给地方政府管就是最大的问题，应该中央直接管，成立国家遗产管理局，直接挂国务院。现在风景区管理局地位太低，造成条块分割不太合理，有的地区和部门，还向遗产地伸手要钱。"

国内外的实践经验表明，如没有中央政府的统一管辖，世界遗产和国家公园难以实现有效地保护。处于转型期的中国，体制尚未理顺，法制不够健全，经济发展速度又快，这一问题显得尤其迫切，如不尽快解决，世界遗产或其他风景名胜区一旦被破坏，便不可再生，难以复原。

"'申遗'热还要一分为二地看"

中国目前被批准列入《世界遗产名录》的世界遗产已达 30 处，仅次于西班牙、意大利，排名世界第三位。众所周知，被世界遗产委员会列入《世界遗产名录》的地方，都被确认为世界级遗产，并具有法律效益，得到世界性保护，随着知名度提高，吸引来大量的国内外游客。由此，申报世界遗产在世界各地都是逐年升温的。从这一点来说，是有利于遗产的保护和宣传的，这也是现代文明的标志。

我国疆域广阔、地形复杂、气候多样、生物多样，以及 5000 年的发展史和56 个民族的文化特色，注定了我们的遗产资源是最丰富的，具备这诸多条件的国家，中国是独一无二的。但是，中国的遗产数量相对于我们的遗产资源来说实在是太少了，尤其是自然遗产更少之又少，因此，这个"热"我们应该支持。

另一方面，有些地方确实存在着申遗目的不纯的现象，无非是想捞一块金牌来发展旅游。谢先生说："任何景点、任何地方一旦成为'世界遗产'，无论是自然遗产还是文化遗产，都立即身价大涨，随之带来的是旅游业的大发展和丰厚回报"。有的申报成功之后，"金牌"到手，就不保护只开发了。这不但暴露出有的决策者的保护意识和文化素养问题，更反映出他们申报的动机以及遗产背后的隐患。谢先生说："申遗是功在当代、利在千秋的大善事。申遗行动值得肯定，也值得支持，但是，人们应该搞清楚，申遗的目的是为了保护遗产，永续利用，而不是将遗产当成赚钱机器。我们对世界遗产的功利性利用，已经并正在损害我们固有的、真正属于我们的文化。我们见'遗产'就萌生抢的心理，却忘了'申遗'的真正目的；离开'申遗'功利，我们就不知要为'世界遗产'的保护做点什么吗？"

与"申遗"热反其道而行之的也有，比如岩溶圣地桂林。早在 1992 年，联合国世界遗产组织就因其拥有的全世界最好的热带岩溶地貌而将其列入"优先一等"，地质学家通知当地申报世界自然遗产，可是决策者竟然毫不理会，反问申报了有什么好处。直到现在仍未"入录"，他们怕成为世界遗产后，受到这样那样的政策上的限制，阻碍他们随意开发。最近，要有一条高速公路在岩溶峰林区穿过。遭到专家们的反对。如此开发被全世界誉为岩溶圣地的桂林热带岩溶地貌，还能是圣地吗？世界遗产做广告是不严肃的事情，任何广告都是商业性的，将遗产纳入到商业竞争的机制中，用做广告来增加知名度，扩大影响力，提高经济效益，本身是不严肃的事情。我们完全可以通过正常的方式，客观地展示遗产的风采和价值，科研也好，游览也罢，大家可以各取所需，并不是靠包装和打造来实现的，有时越包装越糟。广告有夸张的成分，也无形中加重了旅游的商业氛围。我们可以印刷出精美的画册、介绍性的书籍，实事求是地达到宣传的目的，本来是阳春白雪，为什么非要把自己打入下里巴人的行列，再重彩粉饰呢？广告的煽动性很强，大家看了广告后，都纷纷涌向这个地方，势必造成游人量超标，这也是对遗产的极大破坏，控制合理的游人量是遗产保护的一个重要原则。在历史与现代、保护与开发、经济效益与社会效益的交叉路口，世界遗产这个本应充满神秘魅力的大家闺秀为何面纱全无、花容失色？同胞们，是该怜香惜玉的时候了！

充满诗意的谢先生这样描述他的家乡:"家在雁荡山脚下，门朝东海岸边开。"这是他的情结，一辈子都抛不开的情结。他现在的家是在钢筋水泥筑成的高楼里，没有青山，亦无绿水，这对于一个视自然为生命的人来说，是个莫大的遗憾！然而任凭海阔天空、山高路远，流走的是岁月，守候的永远是心灵的那片港湾，于是他给他的港湾起了个好听的名字，叫"山海堂"！

文 ／ 谷嫒

（北京颐和园研究室主任）

檀馨访谈录

◎檀馨

早就耳闻北京园林规划设计领域里有一位出类拔萃、赫赫有名的女专家，她就是原北京园林设计研究院副院——檀馨。退休后，她创办了"北京创新景观园林设计有限责任公司"，为北京的城市园林建设做出了重要贡献，她的生命再次焕发了青春。

檀馨在百忙之中应约接受了《景观》杂志记者的采访。60多岁的檀馨看上去精明强干，从她身上似乎能感受到一种特殊的力量。我想，这就是她特有的魅力吧。

记者：您为什么选择园林设计专业？

檀馨：当初我并没有想到会从事园林设计工作。我从小就喜欢画画，我对美有一种特殊的敏感和追求。上小学的时候，我是班里美术最好的学生，特别是在少年之家的学习和在美术学院的进修，使我的绘画基础有了很大的提高。家里人认为一个女孩子画画是画不出来的，后来我的哥哥告诉我，林业大学有一个园林设计专业，那里的学生经常背着画夹子到外面写生。后来我如愿考上了林业大学的园林设计专业。当时我就想，既然选择了这个专业，那我就宁做牛头不做虎尾。凭着这种热情和信念，让我不懈地去钻研、去提高。在学习中，我感到中华民族的园林艺术是那样的博大精深，丰富多彩。如北京颐和园、苏州园林、杭州园林。如此精妙绝伦的园林艺术，它能感染你。所以我选择了这个专业。

记者：请您谈一谈 30 余年从事园林规划设计工作的感受？

檀馨：我退休已经 11 年了，由于园林事业的蓬勃发展，国家特别需要这方面的人才。要说感受，第一个是：现在的园林设计正处于一个转折和迅猛发展的时期。这个时期一个显著的特点是观念在不断地更新，谁能适应社会的变化，谁能捕捉市场的需求，谁就能生存和发展。

第二个是：重新认识传统的价值。曾经有一段时期，传统的东西被认为是保守的，应该摒弃的。当时海归派冲击着传统的理念，但我们仍然坚持走自己的路，实践证明，传统的东西才是精华的。但并不是说，抱着传统不放，而是在此基础上有所创新。打一个比喻：如果将传统比作大树的根，那设计理念就是枝干，要不断地从根那里汲取丰富的营养，这棵艺术的大树才能枝繁叶茂。我的很多朋友从国外回来，深有感触地对我说，西方许多国家的城市景观确实很美，美在他们将本民族的精华和传统融于一体，通过独具匠心的艺术形式展现出来，给人留下了深刻的印象。我在想：外国人到中国，到北京来看什么？他们所要看的不是树林草地、欧式建筑、维纳斯雕像，而要欣赏的是中国古典艺术中最具民族精华的部分。所以，我们在规划设计的时候，不要离开民族艺术的精华。北京要建成国际化大都市，不能照搬西方的东西，而要找到传统与现代的结合点，例如我们在皇城根遗址公园的设计上就做了有力探索。

第三个是：我的设计理念是服务于社会的。让人们在我所设计的作品里，能身临自然之中，能感受园林文化的历史文脉。

记者：您是在什么背景下设计皇城根遗址公园的？

檀馨：那是在一个特殊的背景下，东城区园林局对原有皇城根遗址公园的设计方案不满意，在不到10天的时间里，如果方案定不下来，就会影响施工。于是东城区园林局找到了我，希望我们来一个方案。当时我想，做好了，可以提升我们的知名度，做不好，就会影响我们公司的形象，尽管时间紧迫，但我们还是毅然地接受了挑战。通过他们的介绍，我明白了他们要在皇城根遗址一条27米宽、2.4千米长的带状绿地上建一个有历史文脉的公园。在这样的背景下，我们的设计方案在很短的时间内出炉了，并获得13位评审专家的通过，其中孟兆祯院士给予了较高的评价。因为我们的设计不仅融入了传统的理念，而且解决了交通与景观之间的矛盾，更主要的是把自然引入市中心，突出生态。因此这个方案中标后得到了一个美誉，叫"四两拨千斤"。

记者：您设计的元土城遗址公园获得中国人居环境范例奖，这对您意味着什么？

檀馨：意味着又加深了一个理念，把保护遗址与现代城市景观和现代人的文化生活需要结合好，找到平衡点，就是好的设计。设计要以人为本。我们的设计不能闭门造车，深入到一线搞调研是十分必要的。倾听老百姓的意见，能够不断完善我们的设计方案，使我们的设计更加趋于合理和科学。公园是人们休闲娱乐的场所，就要从人们不同的需求出发。如：路椅的数量、路灯的位置、卫生间的功能等都要考虑到它的艺术性、实用性。现代公园不仅要将自然与景观融于一体，还得符合大众的口味。公园越来越成为人们丰富精神生活的场所，有喜欢跳舞的、有喜爱打牌的、有好观景的，在你的设计中就要去满足这些需求，这样大家才会满意，达到改善人居环境的目的。

记者：您认为人工造景会影响古都风貌吗？

檀馨：关键看如何造景。北京的古典园林是一笔宝贵的财富。保护古都风貌是我们的责任。我认为代表古都风貌最重要的是北京城的中轴线，这个棋盘式的格局就如同人的骨架一样，到什么时候都不能破坏。当然随着时代的前进，社会的变革，给北京穿什么样的新装这就需要我们去探索。

既要了解北京的历史文脉，文化底蕴，又要在传统的基础上进行扬弃，才符合建设新北京的总体规划。

记者：您认为应当怎样做城市景观设计？

檀馨：做城市景观设计不是坐在屋里冥思苦想，而要走出去。第一要站在城市大空间去设计景观，注意与城市的界面，大尺度、大空间地去构思，如我们在设计皇城根遗址公园的时候，根据它的特点，把它设计成带状的景观，四五百米一个节奏，给人一种视觉的冲击。第二是动与静的结合，我们采用的是现代的手法，例如我们在灯市口做的"玉泉夏爽"，用400米的叠泉展示了城市动态的美，达到了很好的效果。第三是借景造景，如五四广场就是这种手法，我们做了一张报纸，寓意为"掀开历史的一页"，这样使人产生联想，达到借景的目的。第四是绿化种植的大手笔，就是在有限的空间里做文章，如在皇城根遗址公园这样一条带状的绿地里，我们采用了这种创意，春天有玉兰，夏天有叠泉，秋天有元宝枫和银杏，冬天有松柏，使城市融于自然之中。

记者：您认为目前北京园林在设计方面还有哪些问题？

檀馨：我感到北京乃至全国都缺乏这方面的人才，真正懂得园林艺术精髓的人才太少了。我感到现在的年轻人比较浮躁，没有脚踏实地地去钻研自己的业务。现在有些园林设计太市场化了，经过十几年的实践，大家应该坐下来认真地进行反思和总结，悟出一点儿规律和道理。拿我来说吧，通过这些年的探索，我也走了许多弯路，最后我明白了，我们的设计理念不能脱离主流，不能脱离传统的文脉。当然，北京在发展，百花齐放是应该提倡的，在解决主流与多样性的问题上，我们要找到它们之间的结合点。现在的年轻人思想开放，接受新鲜事物能力强，敢于向传统挑战，这是他们的优势，但他们缺乏的是深层次的文化功底。对传统的价值要重新认识，只有不断汲取传统的精髓，并赋予它现代的气息，才能形成我们自己的特色和风格，这才是我们的主流。

记者：请谈一谈您今后的打算。

檀馨：我的岁数大了，不可能总在一线。我现在主要是培养年轻的一代。把对园林的感情当成是生命的延续吧。在我有生之年，为国家，为社会多培养一些人才。最近我们接受了圆明园的整治任务，我们的思想高度是"机遇、责任、敬业"。把我多年来积累的经验传给下一代，推进我们事业的发展，抓住时代给予我们的机遇，加强与国际的交流与合作，使我们进步得更快点，不断地推陈出新，设计出符合新北京时代发展的园林精品，美化百姓的生活。

文　/　赵彤

（原《景观》杂志工作人员）

园林专家李嘉乐访谈录

◎李嘉乐

在《景观》杂志创刊之际，有幸请到我市园林专家李嘉乐教授，畅谈他50多年从事园林工作的心得和体会。

现年79岁的李老，人如其名，乐观、开朗，和蔼中透着睿智；健谈中流露出渊博。25岁投身园林事业，从总工的位置上退休至今，仍奔波在我市以及国内园林事业中。大到国家相关法律法规的修订，小到某一地区某种植物的生长情况，他决不因善小而不为，也从不拒绝上门求教的人。李老经历了20世纪50年代园林事业的起步、六七十年代园林工作全面被否、三中全会后的渐渐复苏以及近20年的快速发展。正因为这不平常的经历，我眼中的李老才显得那样的从容和坦然。作为年轻人，我无法想象和感知一个人用一生的大部分时间从事同一件事情的心态，但直觉告诉我，我正在采访的这位老人对其所从事的专业依然一往情深，并时刻关爱着北京园林事业的发展。

园林对于李老而言，有一种感性到理性，再由理性到感性的感情升华，他对园林现状和未来发展的独到见解，以及理论结合实践的总结，皆是多年孜孜以求的积累和感情投入的回报。当我们谈到李老的本行以及公园、园林绿化对城市发展的重要性时，李老顿时显得兴致勃勃，如数家珍般向我们娓娓道来。

他从生态、休闲、美化三个角度为我们讲述了园林绿化对城市发展的重要性。

在改善城市生态环境的问题上，他以典型的北方城市——首都为例，分析了植被对改善气候缺点、防风固沙的作用。刮风时通常伴有沙尘，经测量，公园绿地降尘量最大，有力地说明了植物对净化空气的作用；对于因环境污染造成的浮尘，植物也能充当杀手锏，将漂浮在空气中的微粒吸附于树叶之上，经雨水冲刷后，重新回归大地，还可防止二次降尘，这也正是园林局大力倡导的"黄土不露天"的原因。众所周知，在建筑密集、人口稠密的地方大量种植树木还能够缓解空气中氧气不足和城市噪声的问题。

目前，在商品房市场竞争激烈的情况下，开发商们纷纷以地产的绿化覆盖率和人均绿地占有量来吸引业主的眼球，这往往能够成为他们制胜的筹码，就因为他们认识到了公园、绿地是居民们必不可少的生活、休闲、活动场所。城市中的上班族，在繁重的工作压力下，大多没有固定的郊游时间，而就近的公园便成为他们放松身心、呼吸新鲜空气的主要场所。另一方面，北京人口的老龄化，也决定了公园有极高的使用率，从目前各大公园晨练人群拥挤的状况看，北京的公园，尤其是社区公园，还是远远不够的。

对美好事物的不懈追求是人之常情，随着社会经济的高速运转和国民素质的不断提高，环境的优美越来越成为城市发展的商机。而公园和城市绿地更是美化环境的一个不可替代的重要内容。植物是有生命的，这与同样有生命的人类在情感上形成一种亲切的共鸣，人人都渴望生命的存在，而植物的富于变化要比冰冷的建筑或者雕塑要来得自然。从20世纪50年代起，"城市与自然共存"便成为城市发展的口号，就是要求城市不能破坏植物的生态系统，并要保持物种的多样性。一个植被丰富、草木葱茏的城市，它的环境必然使人赏心悦目。只有人、城市、自然和谐地相处，才能造就出一流的国际化大都市。

但对于一些地方不惜重金购买植物的非生物替代品，来充当摆设，甚至以假仙人掌和椰子树作行道树的做法，李老深为痛恨，虽说省了维护费用，但假的东西，既不能释放氧气，也不能吸收二氧化碳，除了给人误导外，还能有什么作用呢？

在我们问到李老如何看待公园的使用问题的时候，李老很严肃地对目前公园的范畴作了重新划定，并提出了宝贵的建议。他认为，现有的一些公园其实并不能划归为公园的范畴，比如颐和园、天坛、北海、景山等，它们是文物古迹和世界文化遗产，之所以称它们为公园，是历史造成的。建国之初，北京很穷，没有钱建公园，只能把现成的几处面积较大、植被丰富的名胜古迹拿来借用为公园，供市民游乐之需。后来随着年票和月票的大量使用，这些旅游热点又成为老年人晨练的主要场所。虽然大量的古建和水面不适合搞运动，但天天人满为患，长此以往，不但不利于文化遗产的保护，而且会造成与外地游客争抢旅游场所的问题。因此，搞清楚公园的概念是至关重要的，供市民活动的公园必须与主供外地人旅游的场所分开。解决的办法就是建立"公益性公园系统"。

他以自己亲历日本之行为例，来解释"公园系统"的概念。他说，日本的人口密度比中国还大，但他们很好地做了城市规划，把公园作为规划的一个重要内容，分级别建设。一级是建在居住区内、服务半径250米的"儿童公园"；二级是建在小区内、服务半径250米、面积2公顷的"近邻公园"；三级是建在小区之间、服务半径500米、面积40公顷的"地区公园"；四级是城市综合公园和专项公园。这样功能衔接清晰的公园系统正是我们不具备和值得借鉴的。

他又结合北京的实情，讲述了建立"公益性公园系统"的可操作性设想。就是要根据人口的稠密隋况，采用大中小结合的办法建立分布广泛、使用方便、内容简单、环境优美的适合市民休息、锻炼的免费公园，市民不用走很远，便可以找到一个适合运动休闲的公园。这样也可以使文物古迹彻底从公园的名单中抹掉。最后，李老总结说：只有有了完善的"公益性公园系统"，城市才可能成为一流的、堪与国际接轨的大都市。

另外，谈到规划的问题，李老认为，对于土地开发与规划绿地争夺地盘的普遍存在而不被重视的现象，政府必须严格把关，对土地要宏观调控，不能置规划于不顾，更不能唯利是图。这种短视的效益，很多西方国家已经走过弯路，我们不能也不必再走，越早认识到这个问题，未来带给我们的伤痛就越小，否则，势必作茧自缚。

另外，李老还给我们算了一笔经济账，对一些大型城市公园的投入与产出的问题的分析，让我们深切地感受到：我们要尊重国情，要勤俭办事，更要在有限的资金投入中讲求实效，不要搞形式主义。比如时下走俏的投巨资兴建的一些遗址公园，大部分资金都用于装饰性建筑和大型雕塑，而真正用于城市绿地建设的费用却很少，这种盲目营造景观的手段，是达不到美化城市的作用的，只能说是舍本逐末，追求一时的风光罢了。要改善首都环境，岂是靠一两块绿地就可以解决问题的。

李老流利的表达、清晰的思路和广博的专业知识，让我们深受启发，淡忘了时间和空间的概念。结束采访已近晌午，一同走出大门，却发现李老径直走向一辆笨重的28式老自行车，麻利地完成了一系列开锁动作后，轻快地驾车而去。望着他的背影，我不禁被一种精神深深地感染——扎扎实实做学问，踏踏实实做好人。

文／谷媛

（北京颐和园研究室主任）

国学与园林

——访北京林业大学博导、
风景园林规划与设计专家唐学山教授

◎唐学山

"国学"是指以儒学为主体的中华传统文化与学术，是中国固有的传统学术文化。它是千百年来中国人民在自然、社会生活中形成的经验总结，对中华民族政治、经济、哲学以及习俗、心理、思维等方面产生着巨大而深远的影响；"园林"是指在一定的地域运用工程技术和艺术手段，通过改造地形、筑山、叠石、理水、种植树木花草、营造建筑和布置园路等方式创作而成的美的自然环境和游憩境域。其中最具代表性的是中国的皇家古典园林和私家园林。

在我国古典和现代园林中，国学与园林之间有着怎样的联系？二者之间如何实现珠联璧合相得益彰？带着这些问题，《景观》杂志记者拜访了北京林业大学园林学院博士生导师唐学山教授。

从 1959 年进入北京林业大学当学生起，唐学山就把自己的人生与中国的园林事业紧紧地联系在了一起。大学毕业后，他在中国园林设计领域叱咤风云 50 多年，硕果累累。他不仅是一位园林学家，同时还是一位国学大师，经纶满腹，书法雕刻造诣颇深。几十年教学和科研实践，他始终以国学为基础，以美学为主线，融会贯通园林学、生态学、地理学、建筑学、美术、音乐、舞蹈等学科内容，创作出了一系列有影响力的园林作品。他认为要想成为一个真正的园林大师，需要具备生态学家、地理学家、国学家、园艺师、建筑师、画家、诗人的禀赋和气质。

访谈一开始，唐教授便开宗明义：中国园林不是一般意义上的风花雪月、花花草草，而是有着深刻的国学精神贯穿其中。为什么这样说？唐教授分三个层面来进行了解读：

首先是国学内涵在中国传统风景园林中的应用。唐教授说，中国文化的品格，是重各类学术文化精神之融和，而恒以完美人格之形成和民族文化之弘扬为旨归。中国文化之四绝：书法、京剧、烹调、园林，皆具有博大宽容的哲思气质和兼收并蓄的文化表象。中国传统园林是中国传统文化的重要组成部分。作为一种载体，它不仅客观而又真实地反映了中国历代王朝不同的历史背景、社会经济的兴衰和工程技术的水平，而且特色鲜明地折射出中国人自然观、人生观和世界观的演变，蕴含了儒、释、道等哲学或宗教思想及山水诗、画等传统艺术的影响，凝聚了中国知识分子和能工巧匠的勤劳与智慧。与西方园林艺术相比，中国传统园林突出地抒发了中华民族对于自然和美好生活环境的向往与热爱。1990 年，中国的风景名胜泰山被联合国教科文组织（UNESCO）列入世界文化与自然遗产名录。自 1994 年起，中国承德的避暑山庄、北京的颐和园、苏州的拙政园、留园和环秀山庄又先后被联合国教科文组织列入世界文化遗产名录，成为全人类共同的文化财富。这说明中国传统园林具有令人折服的艺术魅力和不可替代的唯一性，它在世界文化之林中独树一帜，风流千载。

中国古代神话中把西王母居住的瑶池和黄帝所居的悬圃都描绘成景色优美的花园，青山碧水，这正是人们梦寐以求的理想家园。据古文字记载，中国奴隶社会的后期殷周时期出现了方圆数十里的皇家园林——囿，这是中国传统园林的雏形。秦汉时期，又产生了气势更加宏伟、占地面积达数百里、在自然山水环境中布置大量离宫别馆的山水宫苑。魏晋时期，随着儒、释、道思想的渗入，园林化的寺庙——寺庙园林产生，而此时朴素的山水诗、山水画也驱动了文人士大夫园林的发展。进入唐宋时代，山水诗、山水画的水平达到巅峰状态，由此写意山水园应运而生。到了明清时代，写意山水园的发展进入高潮，造园艺术更加趋于成熟、完美。这时，无论是帝王将相，还是文人士大夫，都在园林中追求着更真实的生命体验，寄托了更多的审美情怀与社会理念，赋予了中国园林强烈的象征特色。这种象征特色首先表现在园林和园中景点的命名上，而中国园林的名称并不直接与园主的名称相关，更多的是与园主的人格理想相关。比如北京颐和园的前身本来叫清漪园，1886 年重修后，慈禧太后取意"颐养冲和"便改成了"颐和园"，表达了这位曾垂帘听政的女皇企盼天下太平，并能让她"颐养天年"。在中国，不止一处有"大观楼""大观园"，这既表明该处视野开阔、景色秀丽，也寄寓了在此游览、栖居的人要豁达、乐观的情怀。据史料记载，汉代著名的皇家园林上林苑中有一处园中园叫"博望苑"，也是指登高望远、亲近自然能使人的精神得到滋养和升华。以上这些都是国学内涵在中国传统风景园林中应用的范例。总之，在国学理念影响下，中国传统园林给人的美学感受是多方面、多层次的，如：全园被分成若干景区，各有特色又相互贯通，通过漏窗、门洞、竹林、假山等手法保持一种若断若续的关系，相互成为借景，也为景区的转换做出铺垫；在诸景区中布上几件盆景、花台，对历史的沧桑、人世的炎凉、生命的顽强给予见证。当然，一个好的园子除了有一个好的名字，还要有几副佳联传世。儒家学者向来讲究"微言大义"，一个好的名字可以意味深长，品味不尽。如苏州"网师园"，所谓"网师"乃渔父之别称，而渔父在中国古代文化中既有隐居山林的含义，又有高明政治家的含义，因此园主的情志寄托从园名上一望而知；又如无锡的"寄畅园"，表达出它的主人希望自己能生活得自由自在。

其次是国学内涵在古典园林景观中的实例。唐教授认为，中国传统园林在进行规划设计时，造园指导思想主要是根据中国宗教中的道教文化内容，如神山仙岛、八卦方位以及中国传统的文学、绘画艺术进行诗情画意的创作。比如被誉为在中国古代传统造园艺术方面具有划时代意义的作者、宋代皇帝宋徽宗主持下营造的中国历史上著名的名园"寿山艮岳"。由于宋徽宗赵佶笃信道教，听信道士之言，谓在京城内筑山则皇帝必多子嗣，于是在政和五年（公元 1115 年）于宫城之东北建道观"上清宝箓宫"，政和七年（公元 1117 年）又于"上清宝箓宫"之东筑山象征余杭之凤凰山，号曰万岁山，筑成后更名为"艮岳"。因其在宫城之东北面，按八卦的方位，以"艮"名之。在建造过程中，具有画家天赋的宋徽宗亲自参与指导，"寿山艮岳"经周详的规划设计，按图度地，除寿山、艮岳两座主山以外，还设计有三个水面：凤池、大方沼、雁池，共同构成"山水园"的传统形态。池中"芦渚、梅渚、蓬壶"三个水中岛，代表中国四大神话传说中"归墟"的三座神山仙岛："蓬莱""瀛洲""方丈"。经过精心构图布局和五六年时间，终于建成一座具有浓郁文人园林情趣、充满诗情画意的千古名园。

再说风水，风水也叫"堪舆"。"堪舆"两字最早出现于淮南王刘安所写的"淮南子"里："堪天道也、舆地道也。"从某个角度来讲，风水学实为方位学，即所谓上南下北，左东右西。风水学家在园林的"山形水系"设计布局上讲究"北山南水"。如前面所说的"寿山艮岳"的"北山"即万岁山、万松岭，"南水"即为大方沼和雁池；又如北京故宫，作为皇城的风水布局，"北山"即为景山，"南水"即为宽 52 米围合而成的"护城河"；北京颐和园的"北山"即万寿山，"南水"即昆明湖；圆明园的"北山"无疑是紫碧山房，全园最高的山，其南方向，福海是全园最大的水面为"南水"，都符合风水学中的"北山南水"的要求。那么道家提倡的"北山南水"的科学性何在？唐教授认为，原因是中国地处北半球，一切园林景观的能源（温度）和光源（光线）皆来自赤道方向的太阳。冬季中国北方常常受到来自西北方向的寒流控制和影响，"北山南水"有利于在冬季挡住北方寒流，聚积南方来的光线和热能，以创造"坐北朝南"的温暖小气候。比如在园林地形设计中常有"梅花坞""桃花坞""坞"的地形就是坐北朝南，东、西、北围合，南口敞开，以期聚集热量，使得栽植于其中的植物能摄取到较高温度，促其茂盛生长。

据晋《列子·汤问》篇说，海与山合流在遥远的东极的无底之海，凭空耸起五座神山：岱舆、员峤、方壶、瀛洲、蓬莱。这里住着具有特异功能的仙人。由于五座神山在海中飘浮不定，天帝便派十五只巨鳌顶住山基，稳住五座神山。后来龙佰之国的巨人来此钓走了六只巨鳌，致使岱舆、员峤两座神山被冲走，沉入了无底海中，留下了方壶、瀛洲、蓬莱三座神山，这就是皇家宫苑"三仙山"的传说。另据《山海经·大荒东经》记载：渤海之东的茫茫大海上有个无底之谷，它有个极富象征性的名字叫"归墟"，据说各条河流甚至天上的银河之水，最后都汇聚到这无底的洞里。中国古代道教四大神话中关于"归墟"的传说，也完全符合圆明园中"蓬岛瑶台"的山水形式，表现了中国古代"神山仙岛"传统山水文化的传承，也是对西汉帝国上林苑建章宫中太液池中蓬莱、瀛洲、方丈"一池三仙山"的传承。说到这里唐教授插入了一段历史故事：据说圆明园扩建时，大清内务府请山东济南德平县知县张钟子和潼关卫廪膳生、张尚中等风水大师为圆明园相风水，他们仔细察看了当地的山川地貌，特别从外形、山水、爻象等方面分析了这座宫苑的形胜，以诊断凶吉。结论是"圆明园内外俱查清楚，外边来龙甚旺，内边山水爻象，按九宫处处合法。"也就是说，他们认为整个园子地势西北高，东南低，龙脉的来向和水流向在风水上属于上风上水的位置。圆明园中的福海，原称东湖，后改东湖为"福海"，蕴含着"福如东海"的文化内涵。

综观神州大地，无论是皇家园林还是私家园林，在园林工程大体完成后，园主都会在主要景点的建筑和山石上，配上匾额、楹联、刻石，并且大都撷取古人诗句、典故而成。它们都是根据建筑所在的山水花木环境，状写眼前景物，切合园主设计时的意图，实际上是以文学艺术的形式，对园林景观进行一次重点的勾勒，将园林景观诗意化。这些楹联、匾额、刻石，不仅书法优美，真、草、隶、篆各显风采，而且出自著名的能工巧匠之手，故成为了建筑物附属的典雅、美丽的艺术品。人们在游园时，看到这些楹联、匾额、刻石，会触景生情，产生无尽的联想，得到高度的精神享受与乐趣。我国皇家宫苑内的景点，都充满着诗情画意的景名和楹联。如圆明园中的"天然图画""武陵春色""坐石临流""杏花春馆"等；承德避暑山庄里的"月色江声""青风绿屿""水流云在""清溪远流"等；颐和园内的"湖山真意""赤城霞起""画中游""云松巢"等。又如"圆明园"这个名字，就充分表达了古代皇帝追求圆圆满满、光明正大的政治夙愿，而苏州的"个园"，则将园主对竹子内在气节的仰慕和喜爱通过园名表达出来。通过这些景点题名和园名释义，不仅体现出了园主的理想和抱负，也体现出了根植于中华民族血液里的国学精神，将国学内涵与园林景观水乳交融地结合在了一起。同时，佳联点景抒情，也能使人眼前的景与心中的情融为一体，使园林更加魅力无穷，如颐和园澄爽斋联：芝砌春光尘池夏气，菊含秋馥桂映冬荣；光绪皇帝书屋有：窗竹影摇台案上，山泉声入砚池中；北京故宫楹联：龙游凤舞中天瑞，风和日朗大地春；北京中南海静谷楹联：胜赏寄云岩万象总输奇秀，清阴留竹柏四时不改葱茏，等等。

此外，中国还有众多私家园林，通常被称为文人园，因为园主人大都是退休的官吏或文人，都有一定的文化素养，诗文书画俱佳。因此，他们通过建造中国传统文化中的山水诗、山水画意境的园林，表达他们寄情于山水之间，追求超脱，与自然协调共生的思想。比如东晋文人谢灵运在其庄园的建造中就追求"四山周回，溪涧交过，水石林竹之美，岩帆暇曲之好"；而唐代诗人白居易在庐山建草堂则倾心于"仰观山，俯听泉，旁魄竹树云石"的意境。我国园林中这些楹联庸额和刻石，不仅起到了点景的作用，还使书法艺术与园林结下了不解之缘，成为园林不可或缺的部分。

对于国学内涵在现代园林景观中运用的实例，唐教授以北京奥林匹克公园为例。众所周知，明代北京城被世人称作人类历史上城市规划与建筑的杰作，天坛、天安门广场、紫禁城、景山、鼓楼等，贯穿了北京市中轴线的始终，气势磅礴，严谨肃穆，形成城市建造史上最伟大的城市轴线，体现了中国先人对城市规划、对秩序的追求，而城市的园林部分，多采用自然式空间格局，又表达了对自然的尊重。因此，对于北京奥林匹克公园，在当初的规划设计思想中"人法地，地法天，天法道，道法自然"是其总体规划的主题思想，也是对老子学说的传承。于是，设计者将这个现代化公园安排于北京市区北部，城市中轴线的北端，让北京城的中轴线贯穿于整个奥林匹克森林公园，使北京城中轴线有了新的延伸，并以"通往自然的轴线"为理念，营造了大气磅礴的森林自然生态系统，使古老城市文明的中轴线消融在自然城市的山林之中，以生态文明为古都城市轴线画上了圆满的句号。同时，一条贯穿整个奥林匹克森林公园的取自"中国龙"形象的"龙形水系"与严格的中轴线形成交相辉映之势，并以"曲水架构主轴，游龙若隐，气韵生动，环山主脉蜿蜒，风水流传，气象万千"之势，向全世界昭示了北京城作为"三朝皇城，天子之地，泱泱华夏之都"的豪迈气概。另外，公园的总体格局以"山水环抱，起伏连绵，负阴抱阳，左急右缓"的山水组合，营造出兼备中国传统皇家和文人园林风格的中国自然式山水园。在公园北端，利用建筑弃土和挖湖的土方堆筑了"仰山"作为中轴线的终点，山上观景平台"天境"上摆放了雄浑、粗犷、寓意"稳如泰山"的巨型泰山石，起到"镇山"作用，最终实现"山体设计绵延磅礴，以势取胜，山体设计绰约大气，以形动人"的山水设计效果。还有，在奥运场馆的排布上，运用了中国古代"秤"的平衡理念，以中轴线作为"秤"的支点，东侧鸟巢作为大秤盘，西侧连排的三栋大建筑作为秤砣，在中轴线两侧形成"不对称的均衡"。此外，奥林匹克森林公园入口处的民族和谐阙的设计，也很好地体现了国学在现代园林项目中的运用。设计者巧妙地将蜡烛、传统建筑的斗拱、中国红、"天圆地方"等元素相融合，把中国传统文化在新时代园林中生动地表现了出来，这些做法都值得今天的园林设计者学习和借鉴。

最后，唐教授感慨万千地说，博大精深的中国风景园林是一门国学，她凝结了3000多年的中国园林历史文化精髓，她以"天人合一"为理念，以自然山水为特色，既体现了儒家思想观念，追求朴素的自然审美情趣，也融合了道家的精神追求，憧憬人类身心的理想家园，成为我国生态文明建设的一个重要手段。然而，新中国成立以后，虽然传统园林在多方面都有所进展，但仍缺乏具有中国地域文化特色的现代园林作品。随着近年来国学的复兴，党和国家提倡弘扬中国传统文化，对于风景园林行业工作者来说，应该继承和发展中国传统园林中的国学思想，并将其精髓融入到现代园林建设中，积极弘扬国学精神在推动中国现代风景园林蓬勃发展中的作用，在建设现代园林城市中实现创新和传承。

文／陶鹰

（《景观》杂志高级编辑）

探源"美丽中国"

——访北京林业大学园林学院院长李雄

◎李雄

"面对资源约束趋紧、环境污染严重、生态系统退化的严峻形势，必须树立尊重自然、顺应自然、保护自然的生态文明理念，把生态文明建设放在突出地位，融入经济建设、政治建设、文化建设、社会建设各方面和全过程，努力建设美丽中国，实现中华民族永续发展"。

——中国共产党十八大报告

"美丽中国"——这个令人无限憧憬、无限向往，又给人留下无限遐想空间的愿景，第一次出现在中华人民共和国党的最高级别会议报告中，向全国人民也向全世界勾勒出了一幅壮丽的蓝图，这是奋进在改革开放征途中的中国，披荆斩棘、攻坚克难将要实现的又一个奋斗目标。

在这个具有里程碑意义的奋斗目标提出的前一年半，在中国高层和教育界，还发生了一件具有里程碑意义的事件——2011年3月8日，在国务院学位委员会、中国教育部公布的《学位授予和人才培养学科目录》中，"风景园林学"成为了国家一级学科，可授予工学和农学学位。

中国高层的这一系列动作究竟意味着什么？风景园林学科的提升究竟有什么意义？对我国风景园林事业的发展将产生什么影响？带着这些问题，《景观》杂志记者叩响了北京林业大学园林学院院长李雄教授办公室的门，请他站在专业的角度，从学术视野的层面，对以上问题为我们做出解读。

李雄院长认为，把生态文明建设摆在国家经济建设、社会发展的总体布局高度来论述，表明我们党对中国特色社会主义总体布局的认识深化了，也彰显了中华民族对子孙、对世界高度负责的精神。一个国家想要赢得真正的富裕文明，必须守住"绿水青山"。

他介绍，风景园林学科是科学、艺术和技术高度统一的综合性学科，是源自中国古典园林艺术并不断传承和发展起来的，具有浓厚的中国文化特色，是一直服务于我国城市环境建设的一门独立学科。过去，风景园林和城市规划一直是并列在建筑学下面的一个二级学科。风景园林学上升为一级学科，这对风景园林行业是一件大事，不仅对园林学院和教学，而且对整个风景园林行业都是十分重要的事情。其根本价值在于：建筑学、城乡规划学、风景园林学形成三位一体的一级学科，共同构成吴良镛院士所提倡的人居环境的学科组群，这是国家经济发展、城乡建设发展到一定阶段后，加快城乡环境改善的必然，也是建筑学、城乡规划学、风景园林学三个学科广大从业人士的共识和愿望。其重要意义在于：首先，风景园林学一级学科建设能够极大地适应和满足风景园林行业蓬勃发展现状的需求，提升风景园林行业的社会地位和影响力。只有当一个行业、学科的社会地位提高了，才能被社会所认同，得到应有的重视和发展；其次，风景园林学一级学科建设从根本上理顺了风景园林教育学科体系，促进了学科科研和基础理论的研究；此外，通过未来专业教育的评估机制，能够规范风景园林教育的核心体系，保障和提升教育水平和学科的健康发展，更重要的是，还可以推进未来风景园林职业制度的建立，完善教育体系与职业制度的关联。

对于党的十八大首次提出建设"美丽中国"的目标，李雄院长认为，"美丽中国"的提出，显示出风景园林这个大行业开始得到国家高层的重视，说明政府已经认识风景园林在中国经济发展、环境保护中的意义和价值，不仅如此，广大百姓也逐渐认识到风景园林绿化与自己生活的高度相关，与自身的生命质量和生活质量紧密联系。因此，这一学科才能在众多学科竞争中脱颖而出，并且在党的十八大报告中以"生态文明"建设的五大支撑之一，成为建设"美丽中国"的重要抓手。这也充分说明了，风景园林建设在今后中国生态文明社会建设中，将发挥非常重要的、不可替代的作用。

为什么说风景园林建设在今后中国生态文明社会建设中，将发挥非常重要的、不可替代的作用？李雄介绍，自古以来，中国的城乡建设就与风景园林紧密相关。目前我国森林公园、湿地公园和各种风景园林加起来约占国土面积的10%左右。这么大的一个面积，必须得到应有的保护、利用、开发和建设，包括涵盖其中的文化资源等等。做好保护、利用、开发、建设，就是实现十八大提出的建设生态社会、促进可持续发展的重要体现。十八大报告还提出了要推进新型城镇化建设步伐。新型城镇化是以城乡统筹、城乡一体、产城互动、节约集约、生态宜居、和谐发展为基本特征的城镇化，是大中小城市、小城镇、新型农村社区协调发展、互促共进的城镇化。由于我国一般城市的园林绿地面积平均占到35%左右，超过城市用地的1/3，也就是说，在建设生态宜居的城镇过程中，城镇化发展对园林绿地有着巨大的需求。就拿近年来我国一些城市先后举办的一系列园博会为例，各个城市都通过园博会的举办来提升、调整、带动城市区域的统筹发展，使交通、基本设施、绿地、土地升值，这也是世界同行的一个规则。而就园博园来看，园博园的建设，也为当地居民提供了一个游憩、观赏、活动的空间，不仅促进了区域发展，也实现了为民谋利的目的。因此，园林绿化行业由于其自身所具有的生态价值和环境效应，对居民日常生活品质的提升，对促进城镇房地产经济的发展，对新型城镇化进程的影响巨大。再从文化层面来看，中国风景园林在世界园林界占有极其特殊的地位，与中国的京剧、烹饪、中医一样，园林景观是最具代表性的中国传统文化的重要组成部分。比如北京的"三山五园"，杭州的西湖等，它们在传承和弘扬中国园林文化，繁荣和发展民族文化方面都具有非常重要的意义。

围绕北京市未来的城市园林建设发展应该走一条什么道路，李雄院长表示，由于北京市独特的政治、经济、文化地位，在打造世界城市的进程中，不仅要在经济上发挥强大的影响力，同样也应该在生态环境建设上别具自己的特色。近年来北京市面临的环境污染问题日益凸显，雾霾天气越来越多，Pm2.5

大大超标，可见，政府除了下大力气治理环境污染外，园林绿化进一步发展也迫在眉睫。这么大的城市，2000多万人，人均绿地少得可怜，必须努力拓展。可喜的是，这些年北京市在这方面已经有了很大的力度，比如百万亩生态绿地建设、滨北万亩森林公园、各个郊野公园的建设，从数量上、规模上看都很宏大，这些都可以逐步从根本上改变北京的生态环境，非常值得肯定。但是，李雄院长认为，既有的分散式抓点绿化措施固然不错，但下一步还需要树立大绿化的理念，将北京周边的山地、林地与城市内部的绿地共同构成一个生态网络，使自然山体、自然绿地与城市人工绿地结合起来，共同构成一个完整的大生态系统，从结构上解决大绿化问题。此外，应该高度关注屋顶绿化和垂直绿化，充分利用好城市现有空间，通过一系列举措来增加绿化面积。在绿化工作中，还应当研究和考虑怎样增加冬季常绿植物，丰富冬季自然景观，积极引进彩叶树种，丰富四季自然景观等。尤其需要重视的一点是，要充分挖掘乡土树种的品种，提倡乡土树种的利用和物种的多样性。北京常用植物种类在170～180种左右，但目前真正用到的只有几十种，提高物种使用率迫在眉睫。

对于当前我国在城市园林建设发展中存在哪些突出问题，李雄指出，不同自然环境下的城市园林建设须有不同的方式，城市的尺度不同，园林绿化建设的方式也不尽相同。每个城市应当根据住建部对园林城市制定的标准，依据自身所处的自然环境、地理位置、气候条件、尺度大小来制定各自的城市园林规划和发展蓝图。但近年来在城市园林规划建设上，存在着一些突出问题，比如急功近利，忽视合理的建设周期，人为缩短建设周期，不尊重植物的生长周期。还有一个问题就是各个地方的景观特色不突出，呈现出雷同和千篇一律的情况。解决这一问题需要专业人员提升规划设计水平，并且大量使用本地乡土植物材料，通过这种方式来体现出本地特色。另外，在园林景观设计和建设中，对当地历史文化的挖掘还存在挖掘过度和文化缺失两种情况，要注意掌握适度挖掘的分寸。此外，还应该做到以人为本，突出绿地功能，不要让绿地成为摆设，要为市民日常活动和休憩提供服务，这样的园林绿化才有意义。

李雄院长最后透露，最近住建部正在搞一个"智慧城市"的试点。按照这个思路，风景园林教育系统也相继提出了"智慧园林"的思路与之呼应。既然风景园林在城市建设与发展中占有重要地位，那么在"智慧城市"建设中占有一席之地也是题中之义。虽然这个思路还在探索之中，但这是今后风景园林规划建设中一个相当重要的创新点，一个亟待研究与实施的新领域。总之，大力推进园林城市和园林城镇的建设工作，对提升国家整体园林绿化水平是一个十分得力的抓手，对促进园林绿化水平的全面提高具有非常重要的作用，事关一个国家的综合环境评价指标的高下。综观全国城市园林建设发展近况，李雄院长强调，首先必须要抓好规划工作，因为城市本身就是一个绿地系统的规划，是整个城市大区域的绿地系统规划。

李雄院长用简练的字句将"生态文明建设""风景园林学"学科建设、二者之间的关系、城镇风景园林规划建设远景等，串联并展示在我们眼前，给予每个园林工作者以自信和自强，豪情满怀地携手朝着"美丽中国"的明天前进。

"美丽中国"——中国人民的美好憧憬，中国人民的理想家园！

文 ／ 陶鹰
（《景观》杂志高级编辑）

"山水城市"：人类的情感归宿

——访青年建筑师马岩松

◎马岩松

《景观》杂志能够采访到当代中国青年建筑师马岩松，是一件幸运的事，但不是一件容易的事。

幸运的是，马岩松先生不仅是一位国际知名的建筑设计大师，也是一位有着深厚的中国优秀传统文化底蕴和独到的见地、同时有着活跃的思维方式和立足传统、面向未来、胸襟博大的青年。对他的采访，不仅丰富了《景观》杂志的内涵，而且为广大读者认知"山水城市"的理念，提供了一个崭新的视角。

不容易的是，马岩松先生的事务实在太多。为了实现心中的建筑设计梦想，他经常穿梭于北京和世界其他城市的空中走廊，无暇顾及各种媒体的关注。《景观》杂志对他的采访经历了长达小半年的等待，一推再推、一变再变，期盼与失望轮回，个中滋味只有记者知晓。

2014年3月24日，这次采访终于实现。"功夫不负有心人"——这七个字再次应验在对马岩松先生的采访与收获上。

马岩松创办的MAD建筑事务所坐落在北京东城的一条不起眼的胡同里。

然而，一旦进入由马岩松一手打造的 MAD 建筑事务所，就会被一个前所未见的场景所震撼：无数建筑模型的照片悬挂着墙上，将一场视觉盛宴推进人们的视野；许多模型实物摆放在桌面上，展示着赏心悦目的别样风格；众多棕发蓝眼的建筑设计师与中国同行们比肩而坐，各自面对电脑描绘着心中的建筑蓝图，他们是马岩松的合作伙伴；四周拙朴的灰砖墙壁和曼妙的绿植营造出一派家园情景……

打开"百度"搜索网站，有关马岩松的词条和介绍无以计数。有关他的杰出设计和天才作品如同他俊朗中带着"酷"味儿的形象一样，让人过目难忘。比如那座名闻遐迩的坐落在加拿大密西加沙市的玛丽莲·梦露大厦，有着如同玛丽莲·梦露一样的婀娜身姿，充分表达出了人性与自然的完美结合，给人带来无限的想象空间，引发出人们丰富的心理活动。这件作品确立了他"中国设计师中标海外标志性建筑第一人"的称号，也确立了马岩松在世界建筑界无可争议的地位；又如 2013 年 6 月 6 日，马岩松的"山水城市"展在北京一座清代四合院的园林里开幕。二十多件建筑模型和艺术作品散落在古老的庭院里，在假山、影壁、竹林、水池和天空的掩映之下，彼此的尺度被模糊了，展现出一派乌托邦式的未来城市图景。展品从小到不足 1 立方米的鱼缸，到百万平米的山水城市概念模型，都在表达对人性和自然的情感，描绘着以山水城市为社会理想的未来。与展览同时发布的新书《山水城市》，是马岩松十年建筑实践和思想的重要转折点。他在书中写到："未来城市的发展将从对物质文明的追求转向对自然文明的追求，这是人类在经历了以牺牲自然环境为代价的工业文明之后的回归。自然和人将在山水城市之中重建情感上的和谐关系。"这不仅是这位年轻的中国建筑师关于未来人居理想的宣言，也是促使《景观》杂志锲而不舍地希望采访他的原因。

1975 年出生的"新生代"建筑大师马岩松，无论是他的成长经历还是个性特色，他的思想观念还是成就作品，都可以出一本传记或者专辑。以《景观》杂志的篇幅，无力涵盖有关马岩松充满魅力的所有信息，只能就他提出的"山水城市"这一理念进行访谈，以小见大，为读者提供一个走近马岩松的机会，一览他内心深处建筑与人文完美结合的动人画卷，倾听他阐述令人向往的"山水城市"。

在马岩松看来，山水不只是自然，更是人对于世界的感性回应，每个人的心中皆有山水。山水城市就是将城市的密度、功能和自然山水意境结合起来，构建起以人的精神和情感为核心的未来城市。他认为"山水城市的思想，才是中国的城市化应该带给世界的进步。"

马岩松说，山水，在很多人看来，仅仅是一种传统的文化。但我不这样看，我认为有一些东西本来就没有成为过去，而且仍然连接着未来，山水就是这样一种情感。东方人对世界的理解、对自我的认知大都建立在这种人与自然特殊的情感之上，你中有我，我中有你。人类从工业大革命至今这一百多年，是一段征服和改造自然的历史，扶摇直上的钢筋混凝土大厦成了赞美权力、资本，蔑视人性的纪念碑。人们热爱并痛恨着城市，徘徊在去留的边缘。我们应该对工业大革命以来的城市发展，尤其对 20 世纪初的现代主义浪潮造成的缺乏人性而以权力资本为主导的城市文明进行反思。现代主义建筑的主要倡导者、机器美学的重要奠基人柯布西耶提出的"住宅是居住的机器"适合战后住房紧缺的局面，但却缺乏人性关怀。现代的城市越来越成为功利主义的货架城市，越来越缺乏情感，缺乏灵魂。中国这个新兴崛起的国家经过 30 多年的飞速城市化进程，在缺乏远见照搬西方的发展模式下，古老的城市遭受严重毁坏，取而代之的是山寨建筑和对曼哈顿的粗劣复制，千城一面成为这个时代中国城市的特征。而当下盛行的以高昂代价换取的所谓"生态建筑"和"生态城市"，也被产业链所绑架，成为商标、噱头和口号。生态是在技术层面考虑问题，通过精致的机器生产各种昂贵的居住环境和居住产品。而我认为并不是非要依赖于高超昂贵的技术才能达成一个建筑的生态环保。"绿色"和"生态"都还是在讨论技术指标，讨论舒适度，这是很初级的物质层面的问题。一座高效、节能、大容量的城市，对于作为个体的人来说，是远远不够的。人不是温室中圈养的动物，人更需要的是情感的归宿。未来城市的发展应该从对物质文明的追求转向对自然文明的追求，我们要重新审视人与自然之间的关系，这是人类在经历了以牺牲自然环境为代价的工业文明之后的反思。我们必须寻找一条新的道路，让自然和人重归精神和情感上的和谐。

中国著名的科学家钱学森曾在 20 世纪 80 年代提出过"山水城市"的构想。针对当时中国城市刚刚出现的大规模的水泥方盒子建筑，他提出要以中国的山水精神为基础建立一种新的城市模式，让"人离开自然又返回自然"。但这一富有理想主义色彩的城市设想，由于种种政治的、经济的、社会的原因，并没有得到实践和发展。马岩松表达了他对钱老思想的认同，并提出了自己的传承。他感到，当今中国作为全球最大的"制造城市"的基地，由于缺乏文化上的准备，出现了大量没有灵魂的货架城市。面对这种现状，马岩松说："城市中的建筑不应该成为居住的机器。再强大的技术和工具也无法赋予城市以灵魂。"

马岩松认为，"山水"是中国古人把从自然之中感悟到的高远精神与现实世界结合在一起的理想境界。面对中国快速发展的城市化现实，归隐山间或者退居园林，是许多人的梦想。为此，应该有一批建筑师为未来城市描绘新的蓝图，并逐步建立新的城市环境，将城市的密度与功能和山水意境结合起来，建造以人的精神和文化价值观为核心的、并可以被每一个城市居民所共享的未来城市。在这样的城市里，应当既有现代城市所具备的便利，同时又有东方人心中的诗情画意。

马岩松提出，文化是预知未来的重要条件。他强调"山水"不是一个符号，而是一个观念，一个架构，"山水"不仅仅是指自然，而是一个哲学概念。他认为每个人的心中皆有"山水"，"山水"是人对于世界的感性回应。"山水"在东方哲学中，意味着人们寄托在自然中的情怀和对自身精神世界的追寻。而这样的哲学思想和境界能否在大城市的规划中体现出来，对于城市规划者和每一个建筑师以及园林工作者，都是一个很大的挑战。

马岩松说，提出"山水城市"是对传承千百年来的中国传统农耕文化以及近现代沿袭西方文明发展道路进行的双重反思。当今世界的现代建筑过于强调功能，功能主义至上，在让人体感觉舒服的同时，对文化和人的情感关照却很少。而如果建筑仅仅以技术为基础，没有文化理念作支撑，没有人类心灵的依托和认可，没有自己的核心价值的话，这样的建筑和城市不会获得长久的生命，也不会成为文化遗产。因此，"山水城市"不是简单的"生态城市"或者"田园城市"，也并非只是简单地在城市里模拟出山水的形态。山水城市应当是根植于中国文化沃土之中、人民大群对理想家园的永恒追求。因此，我们需要的是立足现实，重新在文化的层面确立中国城市发展的新方向，营造一种开放的、诗意的、人性的生存环境。

马岩松提到，不久前习近平总书记在视察北京市的工作时提出，要把北京建成国际一流的宜居城市。这是一个非常重要的信号。为此，马岩松认为，北京要实现这一目标，不仅要注重产业结构的调整，更重要的是把文化当作核心价值，贯穿到宜居城市的建设全过程。

而对于当今我国在新型城镇化过程中迅猛发展的城镇建设，马岩松认为，中国的现代城市应该延续历史上东方山水文明独特的哲学思想，因地制宜，发展出属于未来的山水城市观。山水城市中的建筑是以自然和人的情感联系为核心的有机体。它们可以是山而非山，是水而非水，是云而非云，形式上不拘一格，内涵上高度提炼。要充分理解，山水城市的思想是对自然和生命的呼唤，它来自于一种精神指引。它是人造与自然相和谐的城市，是充满诗情画意的城市，是散发着人性光辉的城市。一旦我们开始描绘未来的样子，那就迈出了实现梦想的第一步。从城市走向山水，是现代城市从物质走向精神的升华过程，是人性的回归之路，将标志着新的历史阶段的到来。而我们迫切需要一个强有力的思想来引导新的城市建设，关注人的文化情感，以重塑城市精神为本。

马岩松说，建设城市是为了一个理想。现在一些大城市已经意识到了宜居与文化元素在城市规划建设中的重要意义和作用，意识到了山水、生态、环境对城市建设和发展的影响，但中小城市在这个问题上还未意识到。为此，马岩松呼吁，无论大中小城市的规划与建设，一定要考虑与环境的和谐与适当的密度，要有疏有密，疏密有致。要以环境为主导，在环境中有建筑群，做到你中有我、我中有你。要科学制定有机的城市架构，让城市建筑充分依托环境，与地形地貌充分结合，造就新的景观，不能一味强调功能。切忌一说建城，就连同既往的历史文化社会信息全部推掉，平地起楼，千篇一律，千城一面。要把建筑当成景观去设计，特别是当建筑物体量巨大的情况下，更应该使其与环境相得益彰，而不能格格不入。同时还要使工作和生活在其中的人们拥有良好的个人空间、绿地花园以及公共空间。而要实现这些规划设计理想，就需要国家顶层制度建设和立法保障。在这方面最好的借鉴如希腊、西班牙等国，把小镇建在山头上，饰以与环境协调的鲜艳颜色，非常漂亮，能够经得住时间和历史的考验，从而成为经典面向未来和永恒。

马岩松曾设计出"天安门人民公园 2006-2050"方案，并成为 MAD 2006 年在威尼斯的展览"北京 2050"系列作品之一。他设想，随着中国民主进程的推进和人文思想的成熟，在 2050 年，这个空洞而又封闭的混凝土广场将变成为一个开放的城市森林公园。那时，中国将不再需要类似莫斯科红场那样的大型政治性集会和阅兵场地，未来的交通也将不再依靠宽阔的道路，而转为高速地下交通。天安门广场将更紧密地与人和自然相结合，大量的城市文化设施将被放置在广场地下与便捷的交通相连，那个充满形式争议的国家大剧院也将被隐藏在一个新的"景山"中，并与中南海遥相呼应，充分彰显出北京城的山水气质。届时，"天安门人民公园"将是每一个公民都乐于融入其中的绿色开放空间，大量的民间公共活动将使其充满新的活力，它不仅将成为真正的人民广场，也将成为北京城中心最大的绿肺。

对于这样一个新奇而大胆的设想，马岩松是基于怎样的思考？他说，天安门广场是目前国内最大的一个公共空间，而北京作为国际化大都市，从宜居城市的标准来看，城市中心一直缺乏一个大型的绿地。解放初期，周恩来总理在天安门广场的建设要求中，提出不要在广场周边铺设马路牙子，目的就是为了尽最大可能开放空间，让所有的普通百姓都能够来到这里分享这个场地。后来陆续有了纪念碑、纪念馆、小型绿地等等，使这个空间逐渐成了单纯政治活动与外来旅游的地标性场所，本市的百姓少有问津。如果把天安门广场变成森林，就可以吸引人们到此享受绿色的空间，感受生活的气息。而这个绿色景观不仅不会影响天安门广场原有的政治功能，还能够在京城的中轴线上增添一道风景，成为人文、绿色的园地，对人们产生强大的吸引力和凝聚力，以此为鉴，全国千篇一律的市政广场模式也会得到相应的改善。如果这个设想能够实现，那么未来的天安门广场就如同美国华盛顿广场一样，有独立纪念碑、有林肯纪念馆，有巨大的水池倒映蓝天，有无数的绿林荫庇大地，既有无可取代的政治寓意，又有丰富的人文内涵。

……

采访至此。尽管还有很多可采可写的内容，无奈马岩松先生事务繁忙，匆匆辞别记者很快走向自己的工位。望着他渐行渐远的背影，打量他那身简朴得不能再简朴的穿着：一件半旧灰色圆领 T 恤，一条黑布练功裤，一个贝克汉姆式莫希干头，很难让人把眼前的马岩松与国际知名建筑大师联系起来。而他刚刚说出的掷地有声的话仍在耳畔萦绕：

"我想山水城市的思想和开放度完全能驾驭未来中国城市的规划和建设，从而开启一个新的城市文明。"

"轰轰烈烈的城市化运动后，如果没能孕育出新的城市文明和思想，那将是一个莫大的遗憾。"

在这位青年建筑师对城市、人居、环境这些当今中国最热门的话题发出的声音中，留给读者的或许是无穷的回味，留给城市规划者、建筑设计者以及园林工作者或许是无尽的思索……

文／陶鹰
（《景观》杂志高级编辑）

生态园林的实践者

——原上海市园林管理局局长程绪珂访谈录

◎程绪珂

程绪珂，1922 年出生，祖籍重庆市云阳县。23 岁金陵大学农学院毕业。女从父业，耕耘园林。1948 年 3 月加入中国共产党。"文化大革命"期间遭受了近 3 年的隔离，1973 年重返园林工作。1978 年出任上海市园林管理局第一任局长。1986 年温州会议之后，积极倡导并着力于"生态园林"理论的研究与实践，著有《园林发展趋势》《二十一世纪将是回归自然的世纪》《实现城市绿地与农业一体化——构筑上海生态绿地网络系统》、与胡运骅共同主编的《生态园林理论与实践》等多篇具有重要影响的论文，可以称为生态园林的实践者。

采访程老的动因，源于对"生态园林"理论的探讨，一位学者说：你们去上海采访一位老局长吧，她是生态园林的倡导者之一，为此她曾作了大量的理论研究与生产实践，取得多项调研成果。于是，我们来到了黄浦江之滨，在她那充满生态意境的寓所中，访问了这位年逾八旬的园林事业老前辈——

程绪珂。

生态园林提出的背景

采访程老，话题从十年"文化大革命"谈起，那时她有近 3 年时间是被隔离起来的。"文化大革命"前，曾有一位市领导问过她吃什么长大的？并对她讲："我知道你是吃树叶长大的。"她想这是一语双关的。一方面，三年自然灾害期间粮食不足，包括自己在内，许多的人都吃过树叶；另一方面，也有人告过状，说土地那么紧张，都被园林部门弄过去种树了……在隔离期间，出身于园林世家的程绪珂开始思考一个问题："为什么园林部门的政策常常不稳定？明明是业务上的事，却偏偏要扯到政治上？"

粉碎"四人帮"后，她有机会了解和研究了来自国内外的园林科技信息，一个强烈的感想触动了她：园林不能只局限在观赏与游憩层面上，而忽略了生态，它的功能应该扩展。1986 年，中国园林学会在温州召开了"城市绿地系统植物造景与城市生态"学术讨论会，会上传来了有关"生态园林"的信息，虽然这个会议程老没有去，但这个提法与她心中多年的想法一拍即合。当时已离休的程老与在职同志一道，共同对国内外园林绿化发展趋势与新理念进行了学习。初步提出了园林绿化如何走生态化道路的设想，得到上海市副市长倪天增的鼎立支持，并将"生态园林"列为 1990 年市建委科研课题。1990 年 9 月由国务院发展研究中心国际技术研究所上海分所主办了全国生态园林研讨班。该所所长朱荣林说："我们应该把城市园林建设作为社会经济文化发展的一个重要方面来研究，生态园林理论的提出具有较强的现实意义……"一席话让程老茅塞顿开，观念的转变让思维走出了低谷，从此程绪珂和她的同伴们开始了生态园林理论探索与实践之路。

生态园林在居住小区的实践与探索

在居住区、庭院、工厂、绿地等设立了 11 个调查点和 26 处试点进行实施。以普陀区的"甘泉苑"居住小区为例，这里的绿化从生态学原理出发，让生命系统和环境系统在居住区有机地结合起来。既保证植物系统的生机，突出植物生态效益，又满足居住区的环境功能和使用功能。在布局和形式上尽量符合居民进行游憩和交往的需要，并分别兼有运动场地、老年活动地坪、儿童游戏场和小型集合场地等多种用途。小区配以丰富多采的植物造景，模拟自然群落，通过多层的人工植物群落，在设计上不能千篇一律，片面地追求多层次，还应按照美学法则的原理，采用有障有透、有疏有密、有多层次也有单纯的手法创造景观。

小区的中心绿地以"泉"立意，在改造原自然水体基础上，因势利导地新辟了"山泉"一景，泉眼、泉潭将整片水面连成一个循环体。泉地绿化以榉树、银杏为主体，配置火炬漆、桂花、木芙蓉与沿水边栽植的池杉、水杉、墨西哥落羽杉，形成季相变化的植物群落。由于种植不同年龄、不同寿命、不同功能的植物，既符合美学要求的景色，又引来了鸟群。人工植物群落中，二氧化碳经过植物的光合作用同化为各种各样有机物，其中最受益的是人类得到了更多的氧气。在人工群落中采用多种类的植物，不同深浅的地下根形成了地下根系，吸收大量有害物质，净化了土壤增加了肥力。甘泉苑小区试点后，逐步在上海推广开来。现在她心中最大的心愿就是她与园林专家胡运骅共同主编的《生态园林理论与实践》一书即将出版。程老讲："国家整个形势都在与时俱进，园林也要结合自己的实际，也要变！不能抱着老一套死不放。在我们工作的任务里，要做足植物的文章，要把植物的内在功能调动起来，为人民服务。"

园林绿化能为地球做点什么

程老说："我认为首先要讲生态平衡，可以说，全世界的环境问题是一部人类生存与发展的生态兴衰史。远古时代是自然平衡的，后来工业化了，随之带来的负面影响就是污染，现在人类认识到这个问题了，再来治理污染。在这个方面，我们园林义不容辞的要当主角，因为很多植物能起到净化环境的作用。比如新建一座公园，不能只从视觉上讲好看，不能破坏原生态，要运用生态恢复与生态重建的理念来设计、建设新公园。为了使这个理念既定性又定量，上海植物园利用 li—6400 便携式光和测定仪，对 124 种植物进行固碳放氧能力的测定；使用 Rotronical 温湿度仪，对不同植物群落降温增湿效益的测定。如香榧＋柳杉＋日本柳杉，降温 4.45℃，增湿 17.77%；香樟＋悬铃木，降温 3.92℃，增湿 15.17%；桂花＋棕榈，降温 3.72℃，增湿 11.83%。

程老说:"从哲学观点看,以人为本是科学发展的思想基石。因此我们要用科学发展观来统率园林建设。在这方面,我们抓了绿化材料和人的健康关系,称它为保健型的生态园林。"程老以万里居住区保健型生态园林为例,为我们讲述了80年代,上海园林科学研究所与上海师范大学合作,利用peg1500色谱柱对47种植物挥发物进行分析。近年来,又与复旦大学生命科学院合作,通过气相色谱/质谱联用(gc/ms)技术,对867种植物挥发物质进行测定。

经过多年研究与实践,在民星新村、航头养生园和滨海森林公园、滨江森林公园等公园绿地,以生态+保健+美观为导向,创作以保健为主的公园绿地。上海万里小区绿化由上海园林设计院在法国图柏景观所完成的绿化总体规划基础上进行调整的。以古生态文化思想和现代园林的嫁接,创作的生态保健环境。根据研究成果,把200多种药用植物按其保健价值,与中国的金、木、水、火、土五行结合起来,按八卦方向在万里居住小区种下,来锻炼的人们可以根据对应的人体器官肺、肝、肾、心、胃,到种有不同植物的区域去锻炼身体。

《上海万里城——生态保健住区的探索和实践》课题是在上海市人类居住科学研究会、市住宅发展局、市绿化管理局、同济大学和中环集团的大力支持下,迈出了学、研、发相结合的道路。于2002年4月由上海市建委科技委组织评审,其要点之一"……'环境为源,以人为本'是进一步对人和自然对话的注释;住区环境以景观园林引伸到生态保健园林等,具有开拓性、前瞻性新理念。"讲到这儿,程老说:"生态保健园林是集体的智慧才获得成就。其实早在3000年前古埃及人就发明了植物对人的药理作用。我们古代名医华佗,曾用麝香丁香等香囊,悬于室内挥发气体,起到润肺、养肺、疗肺的作用。"她还列举了一个德国工厂里的工人在一次大型流感中得以幸免,原因就是厂区里大量种植松树,松树挥发的气体,杀死了流感病毒(菌)。程老希望更多的城市探索创建保健型生态园林的新路子。深圳市城管局组织科研人员对百余种岭南植物挥发物的分析和保健效应研究。并在梅林公园开展保健园林建设的尝试,其目的是要在深圳探索出一条保健型园林的建设之路。

程老谈到园林文化时说:"文化是我们园林的灵魂,公园里没有文化不成。""上海是个海纳百川的地方,当然不能排斥一切外来的、好的东西,但核心的核心是以中国文化为主,洋为中用、古为今用。现在很多国际招标工程都懂得掌握一些中国文化，更何况我们自己？不能盲目跟风，盲目西化，不能盲目照抄照搬，一定要讲究因地制宜。我反对种洋草、种洋树、种假树，要以地带性植被为主；我也反对到处挖水池、挖池塘、搞喷泉，要利用原生态、原有地形地貌，比如在有水塘的地方，就可以把它利用起来，用中国传统的方法，打深井，让水循环起来，既有景观可寻又可治理水污染。概括起来就是亲水、用水、节水，现在主要是节水，你们北京用中水来绿化，上海要向北京学习。园林没水不行，要很好地利用水。再说水的驳岸，我主张用生态驳岸，在水底下作坯子，搞缓坡，不要用钢筋水泥作驳岸，尽量保护原有地形地貌。上海水位高，可以多种些水生植物，要考虑到动植物的栖息地、繁殖地。我反对买土、填土来种树，能种什么就种什么，不要大动干戈，劳民伤财。各行各业都要学习'大森林'，怎么讲？大森林里面没有废物。就是自然循环。"讲到了落叶归根问题，她说："生态园林是良性循环的园林。要利用生态经济学原理，在多层次人工植物群落中，通过植物与微生物之间的代谢作用，实行无废物循环生产，实行物质重新利用，争取新的产出。在园林里面，如何把'废物'变成再生资源，是生态园林要研究的课题。"程老还有一个观点："园林工作也要考虑经济成本问题，一个小区、一个公园在设计时，就要考虑到养护、管理与修缮，要以适用、美观、经济为衡量标准。"

生态园林未来发展的趋势

　　说到这个话题，程老提到较多的是土地，她说："土地是园林的载体，没有了土地一切无从谈起。而中国是可耕地较少的国家，土地资源紧张，能源紧张，那么我们园林能为国家做些什么呢？我们要在有限的土地上创造出几倍的价值来，因此要有经济头脑，比如在植物里，有157个科是可以产生油料的，像黄连木，种子可以榨油，出来的油就是柴油。我们园林就可以搞些'既好看又实惠'的植物嘛！要去掉头上两个'紧箍咒'，一个是只注重观赏，不重视多功能；另一个是市中心区域（上海市为600多平方公里）的绿地是坐落在有限空间地区内，必须打破城乡界限，实现城乡一体化（市域6340平方公里）达到生态环境的良性循环。我们要站得高一些，把眼光放得远一点，要我说，凡是绿色的植物，都是绿化，市中心花园是绿化；郊区林业和湿地是绿化；大郊区农田也是绿化。你中有我，我中有你。我们要考虑城市绿地系统网络化，要建绿色通风生态廊道，为动物创造栖息地、繁殖地，一个地区、一座城市只有植物多样性了，才有生物多样性。树、果、菜、农都叫绿化。我讲这是大概念，叫生态绿地系统。通过大环境绿化，在较大的时空范围内，谋求城市环境质量和居民健康状况的进一步改善。"

后记：不知不觉中，访谈已近3个小时，下午程老要去参加《上海城市土壤生态功能的修复与废弃物循环利用的综合技术》科研课题可行性方案的讨论，采访在意犹未尽中结束了。在这有限的篇幅里，我们不可能将程老研究与致力的"生态园林"理论十分专业地呈现给读者，但至少有一点我们可以告知读者，那就是生态园林与我们每个人息息相关，生活在生态效益高的园林城市里是最宜居的。访谈中，程老给我的感觉她既是一位学识渊博的知识女性，又是一位十分可亲的老祖母。她谈事业、谈人生，都像在与你唠家常，无论是政治经历中的坎坷、学术上的争议，还是生活中的喜怒哀乐，仿佛都化作了涓涓溪水，从她柔柔的话语中流淌出来，滋润着来访者的心田。看着老人品尝着保健饮品，想着老人在夜阑人静时欣赏着贝多芬、莫扎特的古典音乐，我被老人恬静的生活情趣所感染，我为老人充实而幸福的晚年生活而祝福！

文／董玉玲
（玉渊潭退休干部）

跋涉在中国园林博物馆创建之路上

——访北京市公园管理中心总工程师、
中国园林博物馆馆长李炜民

◎李炜民

李炜民，1963年生于内蒙古。1984年进入颐和园管理处，参与绿化、花坛设计和颐和园总体规划编制工作；1990年开始在北京市园林局总工办进行北京市绿化重点工程的专业审图工作并编制公园规划；1995年来到北京植物园，任副园长，负责规划设计、基本建设和绿化科研工作；期间建设了国内第一个现代化植物展览温室。6年的磨练，李先生晋升为高级工程师，在2001年又回到北京市园林局主持风景名胜区、园林规划和科研工作；2006年北京市公园管理中心成立，李先生担任中心的总工程师至今，负责园林规划和科研工作。2010年北京市委将建设中国园林博物馆的光荣任务交给了北京市公园管理中心，李总为筹建办常务副主任，开始奋战在筹建园博馆的第一线。现为中国园林博物馆馆长。

记者：您好，很感谢您百忙之中接受采访！中国园林博物馆已经正式开馆了，作为园博馆的总工程师您可以简单介绍一下中国园林博物馆的总体情况吗？

李炜民：中国园林博物馆是中国第一座以园林为主题的国家级博物馆，它以"中国园林——我们的理想家园"为建馆理念，展示出中国园林悠久的历史、灿烂的文化、辉煌的成就和多元的功能。

中国园林博物馆总占地面积 65000 平方米，建筑面积 49950 平方米，其中，主馆面积为 43950 平方米，建筑高度 24 米，地上两层地下一层，采用的是前殿后院式布局，形成了轴线与环路互补的网络体系，沿承了中国园林的布局传统；展陈体系不但立体而且丰富，有"畅园""余荫山房""片石山房" 3 个室内展园，"基本陈列""专题陈列""临时展览"等三类 10 个室内展厅和"半亩一章""塔影别苑""染霞山房" 3 个室外展区。中国园林博物馆是一座有生命力的博物馆，有着舒适休闲的园林氛围。从开始筹划到最后完工耗时两年十一个月，其中施工周期一年零九个月，建设、展陈、运营、设备、场景征集等共耗资 11 个亿，在园林历史上具有里程碑意义。

记者：园博馆是个国家级的博物馆，您可以回忆一下中心最初是如何开始承担建设中国园林博物馆个光荣任务的吗？

李炜民：中心最早接手这个任务是在 2010 年，那年 6 月 11 日，北京市委副书记、市长郭金龙主持召开市政府专题会，审议并原则通过了第九届中国（北京）国际园林博览会总体工作方案，提请市委常委会审议。会议明确了北京市公园管理中心负责中国园林博物馆的建设、运营、管理。6 月 13 日，园博会组委会办公室主任、市园林绿化局局长董瑞龙主持召开园博馆筹建工作会，将园博馆筹建工作正式移交给了公园管理中心。园博馆筹建办主任、公园管理中心主任郑西平代表中心出席会议并接手了园博馆的筹建工作。

记者：接手筹建工作以后您有没有遇到什么难题和阻力呢？

李炜民：其实最初筹划阶段难题还是很多的，阻力也真的不小，最主要是因为园博馆策划之初就有条件限制。我们在接任务的时候，园博馆的位置就已经确定了，所以我们做的第一件事是想看看能不能对选址进行修改，或者如何在这块地上实现策划思路。这块地上有一条高压线，周边有八眼农民的水源井，一些待拆迁的房子，还有包括京九线在内的两条铁路线。做规划、酝酿地上物质拆迁清理、立项，时间紧、任务重，面临所有的问题，一切从零开始……

记者：谢谢李总，如果没有您的介绍我们很难想象园博馆筹划之初有这么多实际的困难。我们知道解决这些实际问题最终都是为了建设好中国园林博物馆，您可以谈一谈园博馆的建馆理念和建馆目标吗？

李炜民："中国园林——我们的理想家园"是园博馆的建馆理念，"经典园林、首都气派、中国特色、世界水平"是我们的建馆目标。2010年7月28日，市委常委会审议并通过了园博会组织机构方案，住房和城乡建设部副部长仇保兴、北京市副市长夏占义任园博馆筹建指挥部指挥，市公园管理中心主任郑西平任园博馆筹建办主任。会后，筹建办积极策划筹备，用了近两个月的时间，把建设园博馆的指导思想、工作框架和大的指标确定了下来。10月11日仇保兴副部长和夏占义副市长主持召开了园博馆筹建指挥部第一次会议，审议并原则通过了《中国园林博物馆筹建工作方案》和《中国园林博物馆建设与展陈策划方案》，就是在这个会议上我们确定了建馆的理念和目标。其实关于最终确定的建馆理念，最初还是有一些不同的说法的。有的学者认为这个理念太粗浅、不够有内涵，也有人提出"人类的理想家园"这样的概念等等。我认为不同国家的文化背景和标准不一样，追求也不一样，中国哲学理念比较独特，所以"人类的理想家园"这个提法还是不太合适。中国园林从产生到现在有3000多年的历史，尽管历经了不同的朝代，也经受了不同思潮和文化的洗礼，但园林每一步的变化都离不开追求心中理想家园这个主题，这是一个在不同朝代都趋同的核心理念。提出这个理念之后，我们一直坚持不懈地进行宣传，有时通俗的东西恰恰是最有力量的，不能过于艰深脱离群众，以人为本，这是大众的主流。

记者：看来建馆理念和目标体现了中国园林文化的核心追求，也充分考虑到了博物馆的受众，真的很佩服李总全面的眼光和高度的责任意识！在整体理念和目标确定以后，筹建园博馆的具体规划方案是如何制订的呢？

李炜民：具体规划方案的制订我们进行了招投标，这是筹划阶段的重中之重，在这方面我们做了大量的工作。招投标前期，筹备办公室积极征求各方意见、进行调研，并在此基础上编写了中国园林博物馆规划方案招投标的文件。我们的招标是面向全国的，由于主体建筑是博物馆，又要有园林的内容、氛围、环境，因此我们要求投标单位必须是同时具有建筑和园林资质的联合体或独立体，并且要有做过博物馆和园林的经历，因为博物馆在安全、管理、空间划分、展陈方面都有特殊的要求，如果投标单位从来没有做过博物馆就会有若干问题。前期策划阶段，我们坚持请规划、园林、文物、博物馆等四方面的专家同时参与评议，从宏观上把握，希望获得比较全面的认知，各界老专家都热心地给予了专业的意见和建议，他们的支持和关心是我们极大的动力。

2010 年 12 月 11 日，园博馆筹建办组织专业技术人员对征集的八家投标规划方案进行技术初审，评审规划方案时共有 11 名专家，除了 3 名甲方代表以外，剩下 8 名评审代表来自规划、园林、文物、博物馆四方，每方各两名专家。评审专家层次很高，孟兆祯先生担任评委会组长，老专家们很有境界，付出了很多的精力和时间，我们很感动。12 月 14 日到 15 日，经过紧锣密鼓地评审，评审代表在 8 个方案里筛选出了 3 个优秀方案报到了建设部。

2011 年 1 月 7 日至 2 月 17 日，园博会组委会办公室、园博会丰台筹备办、园博馆筹建办在北京规划展览馆联合举办"第九届中国（北京）国际园林博览会规划设计成果展"，面向社会广泛征求意见，并请各级专家领导审阅。2 月 14 日，中共中央政治局委员、北京市委书记刘淇，市委副书记、市长郭金龙，园博馆筹建指挥部指挥、住房和城乡建设部副部长仇保兴一同审看园博会规划方案成果展，并召开专题会审定园博馆方案。当时大家倾向于北京市建筑设计研究院和北京中国风景园林规划设计研究中心联合体设计的一号方案，一号方案的优点是整体大气，但这个方案也有问题，"飘浮的屋顶，消失的外墙"，金色的屋顶，四面都是玻璃，这种设计现代感太强，园林的味道太少，很难扣到中国园林的主题。建设部副部长仇保兴主持召开了三次方案深化会，在一号方案的基础上化整为零、逐步深化，增加了中国特色的元素，营造了中国园林的氛围，金顶大厅，入口处是红墙，其他部分都是白墙灰瓦，这样无论是南北方园林还是皇家、私家的建筑色彩都能得到充分的体现，空间也可以化整为零，使室内外整体建筑环境更加严密化。虽然时间紧、问题多，但是方案的反复敲定很有必要，在大家的积极努力下，6月份我们就基本确定了最终方案。

记者：规划方案确定下来是不是意味着园博馆可以进入实际建设阶段了？策划筹备尚且如此不容易，实际建馆是不是更加艰难呢？

李炜民：是啊，规划方案定下来了并不能有丝毫的放松，要赶紧按程序进行主体建筑的招标，好多手续都不好办，程序上一步都不能落，落了一步就会违规。

2011年8月20日，园博馆建设工程举行了奠基仪式，地下土方工程正式开始施工，这标志着园博馆建设项目正式进入实质建设阶段。从开始建设到2013年5月18日，正式施工时间不足一年零九个月。主体建筑开始施工是2011年10月，那年冬天特别冷，雪也大，勘测时发现地下有局部的垃圾填埋和钢渣，可是打地下桩基的时候发现实际情况比勘测出来的问题严重很多，地下都是钢渣，钻头一下去就崩坏，完全无法机械化施工，后来只好改成人工打洞，也在结构上做了一些调整，本来预计在2012年1月打完地下桩基，结果只好拖延了……其实最困难的就是打地下桩基的这个阶段，这个阶段撑过去之后，施工的速度就提起来了，基本上一个星期一个样，进度还是很快的。后来我们用地下的钢渣组了盆景，想记录一下这个地方以前的历史，效果很不错，不知道的人可能完全看不出是钢渣。

施工过程中还有不少难点，比如百吨的钢梁如何一次性吊装，如何在建设中体现节能、环保的理念，如何把握建筑整体方案的尺度等等，在图纸上设计和进行实际建设还是有很大差别的，图纸上园博馆的屋面看上去简单，实际处理起来却很麻烦，现代的材料要表现出传统的感觉，功能上也要达到方方面面的要求，这是很难的，材料弯曲到一定程度再衔接就很容易裂或漏，所以屋面做了很久，过程中很多专家来看，调整了几次方案，北京市建筑设计研究院首席总建筑师、国家级建筑大师何玉茹给了我们很多指导。时间这么短，可是我们想尽量把东西往好了做，实际操作方面就会比较困难，在建设过程中，我们请建筑、园林、博物馆等各方面的专家参与把关，他们的经验和处理问题的能力非常重要，保障了园林博物馆的整体效果还是比较好的。

记者：不足一年零九个月的时间就完成了园博馆这么大的建设工程，真让人惊叹！其实除了园博馆的筹备和建设，我们对馆藏的展品也很有很浓厚的兴趣，李总可以再给我们介绍一些经典的展品吗？

李炜民：作为中国第一座国家级园林博物馆，馆藏展品非常重要，展品能否扣紧园林博物馆的主题，能否反映几千年来中国园林的特色和精神，是非常值得斟酌的问题。

从传统上说，山石很有特色，可以真正代表中国园林，在山石方面，我们有幸收藏了"青云片"石，"青云片"和颐和园乐寿堂的"青芝岫"被合称为"大青小青"，是明代爱石成癖的米万钟所痴迷之物。清代时"青云片"被乾隆皇帝喜欢，运到了圆明园，历经浩劫后又在1925年被辗转移至中山公园，现在又被请到了园博馆，有着这么悠久的历史渊源和丰富的典故价值，不能不说很有收藏意义。

园林博物馆肯定要有植物展品，我们收藏了一根长38米的新疆硅化木，它是真正的木化石，在地下埋藏了上百万年甚至更长时间。这块硅化木直径3米，根部重达15吨，目前这块硅化木是博物馆收藏之最，代表了亿万年前地球的自然生态。除了硅化木，我们还收藏了胡杨，胡杨是生命的象征，传说一千年不朽，我们在楼兰考察时看到了古城遗址、枯死的胡杨，非常震撼，那么久远以前城市的规模就那么宏大，可现在却是一片荒漠，我们应该深思。人类最早用的生存材料就是植物，比如用植物建房子、烧火等等，如果我们不保护植物，不保护环境，不平衡好人与环境的关系，后果真是不堪设想。胡杨和硅化木代表了生与死，这种对比恰恰可以引发我们对生命的思考，我们想通过园林博物馆强调生态园林，希望大家可以重视城市环境、重视生态，让园博馆起到重要的宣教作用。

我们的另一个经典展品是《全景式巨型立雕圆明园》，这个圆明园立雕作品长18米，宽14米，是立雕作品之最，模型的主创人员阚三喜是上海非物质文化遗产的传人，在建筑微雕方面技艺精湛。阚先生65岁了，到现在他家的灯还是拉灯绳儿的，房子也从来没修过，他几乎与现代文明隔绝，完全痴迷于微雕。这个立雕模型以民国时期出版的圆明园画册为蓝本，这个版本的画册当时只印了200多册，是阚先生的上辈传下来的，阚先生花了十几年做成了这个模型，比例全部严格定为1:150，木料、石料都是纯天然的，模型中众多的人物也全是手工捏出来烧制而成。山全部是用绿檀所刻；建筑用檀木、黄杨木、樱木互相镶嵌而成，整个结构不会坏，建筑中将近10万扇门窗也都是可以活动的；树木的阔叶叶片用绿檀片片镶嵌在树干上；柳枝用竹丝镶嵌而成；西洋楼全部用天然石材制成；兽首十二生肖也都是用铜烧铸，而且还能喷水。这个模型下了很大的功夫，绝对不是普通的模型，里面有大量科学的元素，融传统、文化、科技、艺术为一身。如果不是上海世博会的展出，我们可能没有机会知道它的存在，这样机缘巧合，也许这个立雕注定要落在园博馆。能收藏到这件展品，我们真的很幸运！

除了这几件经典展品，我们还充分利用了北京市公园管理中心系统内的植物、动物、人员等各种资源优势，将天坛的大油松、北海的大型玉兰、紫竹院的竹子等直属公园系统特殊的珍贵植物品种全部请到园博馆。如果没有咱们中心系统的资源支持，我们无法将园博馆做得这么出彩。我们要做有生命的博物馆，首先就要体现在整体布局上，植物非常重要。什么是园林？有植物才是园林，中国是世界园林之母就是因为植物，这是我们的一大特色。我当时提的最简单的目标是我们的植物不能低于100种，这还不包含草本地被植物。

记者：有这么多经典的馆藏展品，相信中国园林博物馆一定能带给参观者很多有益的收获。现在园博馆已经面向社会开放了，李总对园博馆有什么希望吗？

李炜民：如果说对园博馆的希望，我想还是要从园林本身说起吧。中国园林有着悠久的历史、灿烂的文化、辉煌的成就和多元的功能，有人对"多元的功能"提出质疑，但实际上从产生之日起，园林就承担着政治、经济、文化、社会等多种功能，到了现代社会就更是如此，所以我希望中国园林园博馆可以用馆内丰富的内容去体现和宣传中国园林的多元功能，园博馆绝对不只是游玩的场所。另外，不仅皇家园林，我们去看一些典型的私家园林，小巧而精致，一样很美，这说明中国人无论皇家还是私家对园林的欣赏品味是趋同的，所以我们要意识到园林不仅仅是一种景观，更是一种文化，承载了许多东西。存在了几千年，中国园林是一个丰富的载体，政治、经济、美学、文化，各方面深厚的价值都积淀其中。我们要从这个角度去宣传园林，这样才能体现园林的全部重要价值，我很希望园博馆能在这方面发挥重要的作用，为传承中国园林文化、宣传园林价值做出持续的贡献。从园林行业的角度来说，我希望园博馆并不止步于落成，而是要持续充分利用馆内各种硬件资源，为整个园林行业搭建活动的平台，比如我们可以在园博馆办学术论坛，也可以展示全国不同省市的展品，这样才可以加强学术交流，促进园林行业的发展。

记者：请李总谈谈在筹建园博馆过程中的有什么收获和感受。

李炜民：其实我的收获是很多的，尤其是在这几年筹建园博馆的过程中我把园林知识又重新系统地学习了一遍，如果不做园博馆这件事，我可能很难有机会方方面面这么系统地学习园林。

感受也有很多，方方面面，可是对我来说筹建园博馆最大的感受还是感恩。园博馆的建成克服了很多困难，我们拜访了各省份行业内的老先生，去学习和倾听，因为我想只有充分倾听全国各省专家学者的意见和建议，我们的园博馆才担得起中国园林博物馆这个名字。如果没有国家、北京市和外省市各级相关单位的支持，没有各省市专家学者的智慧，没有各省市部门及个人热心地捐赠展品，没有各省市尤其是没有北京市公园管理中心和中心系统内各直属公园的鼎力相助，我们不可能完成园博馆的建设。北京市委把建设中国园林博物馆的光荣任务交给了中心，我觉得这个决策特别英明，建园林博物馆这件事，中心做起来有绝对优势，作为11家市属公园的上级单位，中心对园林的理解是独特的，而且在园林资源方面也有着得天独厚的条件。因为交给中心，园博馆做成了，也只有交给中心，园博馆才能在这么短的时间内做得这么出彩！可以说，如果不举全中心之力，如果没有中心和中心下辖各公园人力、物力的各种支持，就绝对不可能有今天的中国园林博物馆！对大家的支持和帮助，我们表示深深的感激，并诚挚地感谢！

真的是天时、地利、人和，十八大提出了"推进生态文明、建设美丽中国"的口号，风景园林学科成为了一级学科，审图、规划、城市绿地、风景园林这些建设园博馆需要涉及的专业知识我在以前的工作中又都涉及过，有了一些积累，这种种有利条件都赶到了一起，也许是命中注定要做成中国园林博物馆吧。

采访到这里结束了，李总微笑着，笑容里有几分对命运的探寻，有完成一项艰巨事业后的些许放松，有深深的满足，也有着对未来无限的寄望。中国园林博物馆是历史的承载者，它永远会是中国园林历史上的一座丰碑，记录着建馆者的艰辛拼搏，记录着社会各界对园林的深情支持，更记录着中国园林几千年来一脉相承的灿烂辉煌。

文／付一鸣
（颐和园研究室干部）

雄才大略景观人

——访广东丹霞山管理委员会主任黄大维

◎黄大维

就像此次采访对象的传奇人生一样，对黄大维的采访经历，也充满了传奇色彩。《景观》杂志记者在前往采访以前，就与黄大维主任多次电话和短信联系，反复阐明此次采访的意图——宣传报道他的创业理念和实践业绩，以供全国同行参考与借鉴，推动各地风景名胜区和自然遗产的开发建设、现代管理、科学经营。皇天不负有心人，《景观》杂志的满腔热忱，终于换来了黄大维主任的两个字："欢迎。"于是，通过手机短信又与黄主任约定了具体采访的时间和内容。

一切就绪，杂志一行人踏上了采访广东丹霞山管委会黄大维主任的征程。在到达目的地前的十几个小时，预先与黄主任联系，没有回音。将近30个小时的旅途颠簸，终于到达了那片著名的丹霞山所在地——广东韶关。

清晨的韶关下着雨，淅淅沥沥。再与黄主任联系，无论电话还是短信，均无回音。通过韶关114查找，给了几个无效号码，在反复查问拨打中，时间已经过去两个小时。最后终于找到了丹霞山管委会办公室电话，联系上办公室的领导，详细重申曾经与黄主任沟通好的一切内容，回答是需要重新请示。等待半小时后，等待来的回音是可给一点资料，但黄主任不接受采访！面对这突如其来的变故，杂志一行人紧急请示领导，领导回复："谋事在人！"四个字坚定了我们"明知山有虎，偏往虎山行"的决心。

一天的时间已经过半，韶关的雨持续而密集。等待不会有任何结果，于是，杂志一行人毅然冒雨前往丹霞山管委会所在地。经过一个小时的探路和车程，终于找到了这片神奇山水的中枢所在——丹霞山管理委员会。我们淋着雨，淌着地上十厘米深的积水，几经打听，小心翼翼地进入寂静无声的办公大楼。四处不见人影，摸到三楼的一间办公室门前，终于听到细微的说话声。敲门，不开；再敲，还是不开；接着敲，终于传来极不耐烦的声音："中午休息！两点半以后再来！"无论怎样友好沟通，里面就是不开门。大伙儿湿漉漉，在楼道里徘徊良久，终于盼来了下午两点半。一行三人冲进刚刚开启的办公室大门，像三只落汤鸡浑身精湿站在办公室中间，继续等待领导到来。终于，办公室领导来了，正好是上午电话联系过的领导。再次说明来意，领导随手拿出几张企业小报，递给我们，意味采访到此结束。然而，以工作与事业为己任的杂志人不甘就此罢休，经过诚恳的交流，阐明对黄主任工作的宣传报道对推动各地风景名胜区发展的积极意义和价值，逐渐改变了被动局面。办公室领导面对三只落汤鸡一样的采访者，逐渐从拒绝变成了对我们的接纳，并表示"尽最大努力"使我们能够与黄主任"当面采访"，但是，"今天下午黄主任已去韶关开会，不能接受采访。"我们当即决定立刻返回韶关，争取于黄主任会后能在韶关对他进行采访。于是，一行三人再次淋着雨水，坐上来时的出租车，向着韶关飞奔。车行一半后，突然接到办公室领导电话，要我们原路返回，黄主任准备晚上在管委会接受采访。精诚所至，金石为开！于是一行人兴高采烈掉头回到半小时前离开的那个地方，在绵绵阴雨和湿衣湿鞋的包裹中期盼着晚上早点到来。

天色终于渐黑，连续两天的奔波劳顿和阴冷湿寒被即将到来的胜利所驱散。丹霞山下的夜晚温度很低，阵阵凉风中，黄主任裹着一身寒气迅速走进我们等待的屋内，身上挂着零星雨滴。同时来拜访黄主任的还有其他地方的学者。闲聊中了解到近年来各种媒体对他高度关注，其中不乏动机不纯的人与事。由此来看，我们此行的艰辛与坎坷，也在情理之中。诚如黄主任的下属介绍，他是一个低调做人，高调做事的人，说得少，干得多。他平时总是在专心致志地思考问题，有时专注到了连上级领导的来电都会忘记接听的程度。对于这种性格类型的采访对象，采访过程获得的信息将是十分有限的。当杂志记者再三询问一些相关问题时，黄大维主任大多是微笑不语。

次日上午，黄主任率领杂志一行三人和其他地方的学者进入丹霞山，一方面让学者们考察丹霞山有关情况，一方面让我们实地了解他的工作理念和实践。

烟雨迷蒙中，丹霞山向我们时隐时现她那超凡脱俗的绮丽面容。黄主任手撑一把紫红大伞，步履匆匆走在前面。一路上，百分之八十的时间他都是在接听电话和收发短信中度过。四周的丹山碧水并未让他驻足流连，他径自大步流星地走在那些架设在密林深处的平稳而美观的优质木栈道上。尽管阴雨绵绵，但是这是木栈道优良的吸排水功能使走在上面的人们摆脱了雨水湿鞋的烦恼。紧跟黄主任的步伐，景观一行人又来到险峻的陡崖上，那里有人工在山体上开凿的凌空栈道，精美自然，犹如天造地设，这条石头栈道使来自另一个方向的游人通过它便捷地进入核心景区成为了可能。按照黄大维的理念，开发和建设风景名胜区，首要的一条就是要考虑游客的可进入性。如果游人无法进入景区，风景再美，也会失去它们的自然、文化和商业价值。基于这种思考，黄大维在丹霞山景区想得最多、做得最多的一件事，就是下大力气，科学设计、巧夺天工地铺设连接外部世界与丹霞景区的坦途，让藏在南粤深山里的丹霞美景一步步走向游人，再一步步走向世界，并且在 2010 年 8 月 1 日一举步入世界自然遗产名录。

沿着脚下的各种栈道一路走去，丹霞美景随之一幕幕展开，黄大维的传奇人生经历也如美景一样在我们面前徐徐展开——

黄大维毕业于北京师范大学中文专业，随后跻身教师队伍，在此期间，他对自己的人生方向进行了缜密的思考。他认为，一个人要对自己的人生目标准确定位，要追求卓越而不能甘于平庸。于是，为中国一流的景区服务，成为了黄大维重新选择的人生目标。为此，他考取了中国社科院经济研究所经济学研究生，再到中国旅游干部学院进修，直至成为了一名从事风景名胜区管理的专业人士。他的风景名胜区管理生涯起步于名闻天下的湖南张家界武陵源景区，在那里奋斗了 10 年，从最基层的岗位做起，先后担任过教育科技局的办公室主任、乡镇党委委员、区政府办副主任、招商局长、政策研究室主任、组织部副部长等等职务。后来，同样是蜚声海外的福建省武夷山景区在申报世界自然遗产的同时，对外招聘管委会主任，黄大维竞聘成功，成为了武夷山景区的管委会主任和旅游集团的负责人，全身心投入到武夷山的保护和开发利用工作中。在他执政武夷山景区管理的 8 年中，这个风景名胜区无论是知名度还是美誉度，都得到了极大的提升。2007 年，广东丹霞山开始申报世界自然遗产，黄大维再度顺利竞聘成功，成为了丹霞山风景名胜区管委会主任兼丹霞山旅游投资经营有限公司总经理。

从武陵源到武夷山再到丹霞山，一个人能够如此随意地纵横捭阖于名扬天下的风景名山，并且将这些名山秀水推上了世界自然遗产名录，显示出了浓重的传奇色彩。然而，天上不会掉馅饼，机会是给有准备的人。从一名中文教师到一系列著名风景名胜区的掌门人，黄大维是怎样实现这一次次华丽转身的呢？用他的话来说就是："既然选择了为一流景区服务，就要持之以恒地追求卓越，在追求卓越的过程中，努力与社会的需要相适应，不断地进行适当的调整，只有这样，才能实现从教师到行政管理者再到职业经理人的角色转变。"在担任职业经理人的过程中，黄大维仍然没有停止学习和提高的脚步，他认为越是身居高位，越要不断学习充实自己，为此，他又参加了北大经济学院的总裁培训班为自己充电。

随着武陵源、武夷山、丹霞山誉满全国乃至世界，黄大维的名声也越来越大，可谓名山造就名人，名人打造名山。三座名山的建设与发展，也给了黄大维深刻的启示——

他认为，针对不同景区，在开发建设和经营发展上必须把握各自特色，突出优势，争取效益最大化。比如武陵源，它是改革开放后才被发现的，1979 年才开始开发和建设，但是，1992 年就顺利成功申报为中国第一批世界自然遗产，其中最重要的因素就是突出了它的自然景观价值。它能迅速发展的最成功之处就是充分发挥了自身优势进行招商引资，推动大项目的启动和实施；而武夷山从南宋以来就一直是一座历史名山，众多历史名人都与这座名山有着渊源，因此，对武夷山而言，就要发挥它深厚的文化底蕴优势，在景区规划管理、精品化建设方面充分体现其文化特色；而丹霞山则富于地质地貌的奇特性，因此应该侧重于开发以丹霞地貌科普教育为内容的特色旅游。

在风景名胜区发展方面，黄大维谋划并解决了几个关键问题，值得同行借鉴：

首先是资金问题。景区发展首要问题是资金的支持。建设张家界实验基地旅游经济开发区，他采取了上市融资的方式；而天子山和黄狮寨索道的建设，则采取招商融资，使之成为武陵源景区的旅游黄金项目。在武夷山解决景区移民的安置，成功尝试了门票抵押方式。此外，他还组建了以管委会为主、客商为辅、每个员工参与的股份制公司，把国有资本、民间资本和员工利益有机结合，这种股份制改造和运营，也成为武夷山景区内部解决资金困难的一个成功案例。

其次是景区建设。第一要协调规划，避免交叉重叠现象，力争做到各种规划对覆盖的区位和范围基本一致，将多种规划的功能有机融合。外围设施的建设要充分考虑对核心景区和景点的利用，形成一个有机整体；第二要分区管理，在统一规划的前提下，一方面要处理好景区与周边景区的关系，比如武夷山从上到下分属自然保护区、国家森林公园、风景名胜区和旅游度假区，几个大区之间要构成一个有机整体，使各种功能充分发挥；另一方面通过合理分区，形成核心区、缓冲过渡区、保护带兼度假带，让各个区域发挥各自不同功能，并且构成一个整体；第三要讲究建设风格，无论是规整统一的武夷风格还是中西结合多样化有机联系的广东开平碉楼风格，都是景区建设的精品工程；第四要做到精品化，景区的公路建设，一定要考虑路面与景区环境色调的协调美观，与整个大环境和谐一致。绿道建设，学习国外景区的做法，将人行步道和自行车道分开，方便现代徒步旅游和自行车旅游。精心设计、精细打造，从细微之处彰显景区特色。

再次是宣传营销。黄大维认为做好营销可以扩大景区的知名度，进一步开拓旅游市场。营销方式和手段很多，包括通过重大事件促进营销，比如张家界中外战机飞越天门山的天门洞项目，极大地提升了张家界的知名度；通过影视宣传，用电影电视造势，比如借助电视剧《乔家大院》中贩茶的情节，举办武夷山茶文化节，助推武夷山旅游；采用平面媒体宣传，比如丹霞山在《中国旅游报》上全面开展系统报道，每周一文一景，让全国读者了解丹霞山；与网络媒体合作，使许多旅游频道的首页能够直接链接到丹霞山，使丹霞山进入千千万万网民的视野；组织一些文体活动扩大景区知名度，比如武夷山一年一度的茶文化节、朱子文化节，全国电视台、晚报、都市报的采风大赛；丹霞山国际学术研讨会、森林旅游论坛、电视采风赛、国际诗文大赛等等；再有就是与旅行社互动，比如丹霞山每年都要组织周边景点和相关旅行社分别到华中、长三角、珠三角、环渤海、港澳台五大市场进行宣传活动，建立起了一个广泛的客户网络，并给予旅行社相应的奖励；同时还要运用好价格策略，一流的景区是一流的投入，要有一流的价格。最后，还要邀请各方媒体朋友帮助景区进行对外宣传。

针对这一条营销策略，《景观》杂志记者与黄主任调侃："既然邀请各方媒体朋友帮助宣传丹霞是您的营销工作的一个重要方面，我们不请自来积极宣传丹霞山，为什么见您这么难？"黄大维腼腆地笑了笑说："申遗成功后，丹霞山面临更多更繁重的任务，各种工作相互交织，各种事务缠身，确实没有时间面对媒体。"据管委会工作人员介绍，多年来，黄主任基本没有周末，更不喜欢站在聚光灯下被媒体追捧，除了在会议室和办公室，他的其他时间都给了丹霞山。几乎每天他都会亲临山中进行实地考察，寻找和发现景区建设、保护、管理和经营中存在的问题，哪怕是一点点细小的瑕疵，都逃不过他追求完美的眼睛，他都会立刻把这些第一手情况带回办公室，带到思考里，带到会议上，直至圆满解决。这种精益求精、追求完美的精神，成就了他追求卓越的梦想。

丹霞山申遗成功，黄大维荣获了广东省人民政府授予的"个人一等功"，但是在黄大维眼里，这只是他利用这片丹山绿水造福人类的第一步。未来黄大维还将借力申遗东风，促进大丹霞旅游区跨越式发展，进一步加强遗产地保护，搞好遗产地规划和景区重点乡村的整治建设规划，按照国际标准建设，完成一系列改造完善、设计建设、重点开发，满足日益增长的旅游接待需求，促使丹霞山"一日游"升级为"二日游"，增加旅游消费，提高景区效益，同时进一步提高丹霞山旅游的文化内涵，扩大她的影响力，在国内外树立"世界遗产地——中国丹霞山"的崭新形象。

用"雄才大略"这四个字来形容黄大维并不过分，用这四个字来描述黄大维为风景名胜景区所开拓的事业，也应恰到好处。正是以其雄才大略，黄大维书写了他的传奇人生。

文／陶鹰

（《景观》杂志高级编辑）

"文化建国"上下求索

——访厦门白鹭洲开发建设公司总经理、筼筜书院董事长王维生

◎王维生

上网百度一下"筼筜书院王维生"，出现了100多个词条，可见筼筜书院已经声名远播，王维生也已经成了大忙人。他真的很忙，早上约的采访，直到晚上9点多才见面。见面就开讲，一讲就是3个多小时。当我们意犹未尽的分手时，已经是第二天的凌晨了。

王维生，男，40多岁，英俊的脸庞没有留下多少岁月的痕迹，而他的举止分明表示这又是一位经历丰富的人。头发一丝不乱，戴一副眼镜，透过镜片，可以发现一丝循循善诱的亲切和待人以诚的善意。西装笔挺整洁，皮鞋乌黑锃亮。给人的初步印象：他既有成功企业家的潇洒，又有学者的儒雅。

谈起自己，王维生三言两语：1979年上大学，学的是教育；1983年到1990年在大学做教师；1990年下海，1995年到白鹭洲（公园），先是做了9年副总，2004年转正至今。

说到白鹭洲和筼筜书院，王维生开始侃侃而谈：

筼筜湖原是厦门西海域的一座港湾，这里诞生的厦门老八景"筼筜渔火"，

数百年来为文人墨客津津乐道。1993年，厦门市政府决定对湖心小岛进行开发建设，并将其命名为白鹭洲，担负此重任的白鹭洲建设开发公司应运而生。两年后的1995年，我来到白鹭洲，从此与公园建设和管理结下不解之缘。

十多年来，王维生与白鹭洲公司遵循着"把更多的文化融进大自然之中，让更多的园林成为艺术之苑"这一宗旨，本着"为城市创造高品质的文化、休闲、娱乐环境"的经营理念，努力探索一条将文化艺术与园林景观完美结合的城市园林建设新思路，开创了一条人与自然、自然与文化和谐共处的公园建设运营发展之路。2010年12月，经国家住房和城乡建设部批准，厦门白鹭洲公园荣获"国家重点公园"称号。

白鹭洲是厦门首座大型开放式城市公园，位于市中心，优越的地理位置、良好的绿化景观与休闲文化设施，使其成为厦门城市的"磁心"和"绿肺"。而白鹭洲公园建设的点睛之笔当属筼筜书院。

王维生说：建筼筜书院是经过了一番周折的，这块地当初有人要建酒吧，有人要建商场，有人要开发住宅，我们力主建一座书院。为什么？现在生活好了，心却很累，活着为了什么，为名利？精神没有支撑，没有信仰，钱多了，不知道该干什么，人伦秩序丧失。重新审视传统文化，我感到应回归传统，学习祖先的智慧。书院建成什么样？远处看，很传统，近处看，很现代，进去看，很地道。这就是我为筼筜书院设计的三种表情。书院建筑要与公园环境相协调，让大家到这里来能静下心来。创意不离谱，公园内的建筑要让人赏心悦目，公园内的氛围要让人心灵宁静。办书院干什么？培养人文素养，浸润人的心灵，2009年开办至今，已经有少儿3000多人次，成人1000多人次来书院听课。筼筜书院整片区域占地38000平方米，依湖而居，虽处市中心，却因周围的小山和绿树环抱，颇有闹市中的世外桃源之感。主体建筑位于公园中部，居中心位置的是书院主题功能用房，带有经典的中国书院格局和闽南建筑风格，由"讲堂""学堂""展廊"三个部分组成。

谈到兴办筼筜书院的初衷，王维生若有所思：

千百年前，书院作为儒家文化的一种载体，"以诗书为堂奥，以性命为丕基，以礼仪为门路，以道德为藩篱"，将学术传承与教育由私人交流变成一种向公众开放的领域，成为名流学者们讲经论道之所，文人学士们向往之地。在中国

127

古代的文化传播中，没有一种形式能如书院呈现的这般自由、包容和开放。在发扬儒学方面，唐宋以后，儒学教育与普及便以书院教育为主力，教化民众，改进社会风气。正如欧洲中古学术的发展往往依附于大学、学院一样，儒学或宋明理学的种种风尚及学派往往依附书院而发扬光大。可见学术的发达往往和思想家荟萃的场所有千丝万缕的关系。虽然100年前，书院在我国古代所承载的精神气质和文化使命已告结束，现代仅存的书院大都失去它直接的思想传播功能，但她依然成为后人精神瞻仰的指引性符号。

传统书院在近代渐趋衰落后，历经近百年的沉寂，又在现代意识的反观下悄然兴起。从上20世纪80年代冯友兰、季羡林、汤一介等当代著名学者发起成立中国文化书院起，相继又出现了万松蒲书院、白鹿书院等，近年来有更多的书院在新一轮国学热中相继成立。这些现代书院的创立，再一次昭示，书院仍然是中国文化人心中永远抹不去的记忆，是中国文化人所向往的一个美好的精神家园。

中国传统书院在今天的再度出现，从积极的方面讲："盛世兴国学"，改革开放30年，经济发展了，人们的文化信心开始增强了。从另一方面讲，历经30年的高速发展和市场经济的荡涤，功利性、世俗化、高节奏，成为现代人的精神之累。在崇尚西方文明过后，很多人开始面向中国历史和文化传统，去那里寻求根源，进行精神上的回归。书院的重现，也给人们多了一份教育与文化的自由选择。诚如复旦大学文史研究院院长葛兆光教授在筼筜书院演讲时所说："仓廪实而知礼节。"厦门作为中国大陆经济较发达的地区，政府、企业、大学，都有在"仓廪实"的基础上使得民众"知礼节"的需要，所以推动筼筜书院的成立，推广传统文化教育，很合乎孔子所提倡的"富之"然后"教之"的理念。筼筜书院提倡传统文化的教育，从大的方面来说，是对传统和历史的认同做出努力，从小的方面来说，是对民众的教养和文化提供滋养，这是一件非常好的事情。作为一种文化设施，书院放到公园里既丰富了公园的景观，又增加了公园的文化气息，何乐不为？

谈到筼筜书院的建设，王维生略显兴奋：

书院虽地处市中心，但因建园之初就建造了小山，种满了绿树翠竹，与繁华保有一定的距离，颇有闹市中的世外桃源之感。书院周围的"学田"是两家美术馆一家茶馆会所，与书院一起形成了浓郁的传统文化聚集。书院位于园区中心位置，是经典的中国书院格局，又富有闽南建筑风格。我认为筼筜书院将成为新时代弘扬国学的文化平台，这一点，毋庸置疑。它以传播中国优秀传统文化思想为主旨，以"旧学商量、新知培养"为办院理念。广邀国学精英讲授国学要义；充分发挥厦门在闽台文化交流中的区位优势，吸引海内外人士共同研究、交流国学；举办青少年国学培训、读经诵典活动；展示传统文化遗产、工艺美术、艺术作品等，推进国学在新的历史条件下发扬光大。作为当代书院的一种创新模式，厦门筼筜书院秉承书院传统，创新书院发展体制，致力于探索一条新的传统文化普及与发展之路，希望能让人们在教育上多一份自由选择，也多一种中华文化的寻根与创新的方式。

谈到筼筜书院的定位，王维生胸有成竹：

筼筜书院的创立，可谓是在中国传统书院基础上应运而生，顺势作为。然而，作为厦门首家现代意义的国学书院，在新的历史条件下如何兴办与发展，这是一个全新课题。正如当代著名作家冯骥才所言，目前书院发展最大的问题是没有先例。我们是第一批人，最大的困难是没有可以仿效的，而最大的优点则是可以发挥想象力自由创造。诚如台湾辅仁大学校长黎建球教授寄语筼筜书院：筼筜书院是第一个既没有传统的包袱，又承受现代的使命的地方。为此，延续中国书院的传统功能，筼筜书院筹建的初衷，就是为了给现代社会人们多提供一项选择——让人们在接受现代教育的同时，还可以在课余时间从国学传统经典的普及中发掘兴趣与爱好。

当你走进书院的正厅讲堂，"旧学商量，新知培养"在两侧对开，直入眼帘，这副对联出自朱熹的"旧学商量加邃密，新知培养转深沉"，通过研讨、辩论，"旧学"因有"新知"的启迪更加精深周密，而"新知"因得"旧学"的栽培滋养更为深稳沉实，这也是孔子"告诸往而知来者""温故而知新"治学方法的继承和完善，此中蕴含的正是筼筜书院正在贯彻的办院理念。如果将"旧学商量"视作一种方式和态度，那么"新知培养"无疑就是其主旨和目的所在。弘扬经典传统与开发创新，两者之间并不矛盾。筼筜书院的同仁正是心怀对中华传统文化虔诚敬畏的心态，以"旧学商量，新知培养"为理念，结合传统书院的习俗和现代书院的特点，搭建了一座别样品位的文化园林。如今筼筼筜书院已经成为了涵盖国学经典教育、传统文化交流、国学专题研究与讨论的传统文化平台。

谈到筼筜书院的运作，王维生如数家珍：

首先是青少年的国学启蒙：我们根据学生年龄层级和培训科目等，制定了《三字经》《弟子规》《千字文》《笠翁对韵》及四书等十个阶段的国学启蒙计划，孩子在五年级之前可以学完相关的课程。同时开设书法、古琴等艺术类课程以及暑期的特色课程。在这个方面，特别是伴随着"读经热""私塾热"，以及家长的心态等，蒙学教育一直是书院开办以来最为热闹的、受众最为广泛的部分。在各类教学中，根据不同的教学班设定不同的教学过程与目标，并且不断创新教学形式，例如，《千字文》班，我们把文字学与书法结合，作为学习千字文的方式。在孩子的教育中，也非常注意提高学生人文素养与品行养成。在成人的经典普及教育层面，我们也为成人制定了相关的计划，包括古琴、书法和国学经典讲习班，注重从经典原文的字句起学习传统文化。特别值得注意的是，筼筜书院面向公众的经典普及都是公益性质的。

其次是名儒会讲：在中国传统书院的发展历史上，名儒会讲就是书院的一大特色，在传统文化交流、国学专题研究与讨论方面，厦门因其独特地理位置，成为了两岸交流的窗口和桥梁，筼筜书院同样也是两岸三地国学大师、学者们交流、研讨的最佳场所。2007年8月，国学泰斗饶宗颐先生为筼筜书院亲笔题写院名，并答允担任筼筜书院名誉院长。

第三是出版刊物。出版刊物是书院的重要功能之一。筼筜书院对此十分重视，尤其是多次重要的学术研讨会汇聚众多名家学者，他们精心提交的论文均是宝贵财富，书院通过定期出版《筼筜书院》杂志，将专家顾问的文章收集在筼筜书院院刊中，逐步建立起国学专题研究的"筼筜文库"。将学者们的会讲内容通过出版物刊行，有利于更好地保存学者们的研讨成果，凝聚各方智慧、展望研究前沿，同时向社会大众进行推广和传播，有利于展现国学精华、碰撞出思想与智慧的火花。此外，书院从规划之初就已设立了筼筜书库，已计划在合适的时机推出系列国学书籍，相信会在书院发展历史上留下其独特与悠久的印记。

谈到筼筜书院的发展前景，王维生充满信心：

在厦门市政府的支持下，稳定的企业资金支持，使得笕笃书院能够在发展中坚持公益性经营，各项活动取得广泛的社会影响力。在经营模式上，我们创造性地将中国古代书院的"学田制"与现代经营理念相结合，通过经营"学田"为书院提供办学经费，保证书院有充足和持续的资金从事教育和学术研究，保证书院的公益性和纯粹性，力求真正做到返璞归真。南北两组建筑作为书院的配套设施，主要用于中国传统艺术的创作，以及古玩、古书籍和文房四宝的展示和经营，所得款项全部用于书院的支出。

"众擎易举，独立难成"，书院自成立之时起，便深得社会关注，用书院这一历久弥新的形式吸引众多一心向学的人，立意如此，施行却不易，但我们义无反顾，商量旧学，培养新知，营造传统文化的学习氛围，培养品格，让更多的人来此流连徜徉。

结束意犹未尽的采访，"文化建园"几个字深深地印在我的头脑里。关于这个命题，有认同也有争论。应当怎样理解这个命题呢？"文化建园"，不言而喻就是在城市园林的建设和发展过程中，从建造、经营和管理上贯穿丰富的文化内涵和多彩的内容形式，赋予文化色彩，创造出能够充分体现人类文明的园林建设实践活动。城市园林是人类社会发展到一定阶段刻意追求自然的一种文化现象。随着人类精神生活的不断丰富、文化积累的进一步增加，人们不满足于受地域的限制而生活在城市纯粹的人工环境之中，希望在城市之中体验到大自然的山山水水，城市园林随即产生。

"文化建园"就是深刻理解园林的文化属性，充分掌握园林的文化内涵，突出强调园林的文化意义和文化作用，从弘扬优秀传统文化和展示现代文明风范的结合上，从追求完美空间艺术形式和融入园林新科技的结合上，赋予园林城市建设和管理以浓厚的精神文化色彩和科学技术成分，创造出时代特色的园林文化。

"文化建园"的内容非常广泛，体现在文化领域的方方面面，包括：建筑、文学、艺术、科技、民俗、娱乐等等。我想：王维生在白鹭洲公园内创建的笕笃书院，在未来的公园建设运营中应是一个方向，那就是"文化建园"。笕笃书院是白鹭洲公园内的一处文化景观，然而，又不仅仅是文化景观，它不光好看，而且有用，充分发挥着教化、浸润作用。如果公园建设除了大量植树种草、营造优美的环境，发挥生态功能之外，还能有一点文化，让人们在享受绿荫和鲜花的同时也能在精神上、心灵上受到一点浸润，岂不是公园作用的升华吗？岂不是公园对建设和谐社会的贡献吗？

文 ／尹俊杰

（北京市园林绿化局公园风景区处副处长）

颐和扬帆正当时

——访颐和园园长阚跃

◎阚跃

正是由于颐和园是中国皇家园林现存最完整、规模最大的实物例证，综合了中国古代皇家园林的所有文化要素和造园精髓，充分代表了中国古代皇家园林的文化内涵和园林造诣的最高水平，今年8月18日，"北京皇家园林文化节暨第五届北京公园节开幕式"在颐和园隆重举行。作为颐和园的管理者，园长阚跃认为这次活动是北京公园的一次盛典，在业界及国内的影响力是空前的。两节的成功举办，是皇家园林文化和公园历史文化积淀的凝聚与释放，是多年来首都公园注重行业发展、打造多元化服务、深挖历史文化内涵的成果，也是"盛世兴园"的真实写照。

时隔两月，阚跃园长对颐和园举办"北京皇家园林文化节暨第五届北京公园节开幕式"的情景仍然记忆犹新，对颐和园承办如此重大的活动感到十分荣幸。他表示，活动的举办得到了社会各界的广泛关注，也使颐和园全体工作人员受到了极大的鼓舞，无论是对颐和园今后的发展，还是对广大员工的教育和提高，都有很大的促进作用。他认为，之所以这次活动在颐和园举办，首先表明颐和园作为保存最完整的中国古代皇家园林，其珍贵的历史、文化、艺术价值和卓越的造园技术，得到了国内外的广泛认同，使之成为中国皇家园林的代表和深受世人关注和向往的旅游胜地。其次表明颐和园在当今蓬勃发展的园林事业中占有一席重要地位，其不可取代的历史地位以及颐和园人在管理、保护方面所付出的不懈努力和取得的成绩，决定了她成为社会和广大民众关注的焦点和在北京建设世界城市中的重要作用和地位。另外，作为保存最为完整的综合性古典皇家园林，颐和园自诞生以来就一直是各种大型政治、文化活动的重要场所，是许许多多重大政治和文化事件的直接发生地，在国内外具有巨大的影响力。因此，在这样一座著名的古典皇家园林中拉开"北京皇家园林文化节暨第五届北京公园节"的序幕，充分体现出公园行业在北京世界城市建设中奋发有为的精神风貌，这对提升北京整个公园行业的品质和形象大有帮助，同时也有利于进一步提升北京历史文化名城的地位。

"北京皇家园林文化节暨第五届北京公园节"的举办，标志着北京公园行业对皇家园林文化的进一步挖掘、研究、开发、利用进入了一个全新的发展阶段，也意味着公园行业在北京建设世界城市的征途中，进一步明晰了自身的功能和发展方向。伴随着颐和园的发展走过了32年的阚跃谈到，由于颐和园是古代帝王临政、休憩、娱乐和祭祀的御苑，其功能综合了帝王治国议政和修身养性各个方面，其园林艺术、建筑文化、宗教文化甚至餐饮文化等等，无不相互交织、相得益彰。与其他皇家园林相比，颐和园作为皇家园林其历史、文化的综合性、完整性和独特性是无可比拟也无法超越的。因此，对颐和园皇家园林历史、文化的研究、挖掘和开发、利用，不仅在同领域的研究和开发中具有引领和导向作用，而且具有极其重要的现实价值和深远的历史意义。

怎样才能体现颐和园在北京皇家园林历史、文化挖掘、研究和开发、利用中的引领和导向作用呢？阚跃园长认为，颐和园是中国皇家园林的代表，是中国古代园林发展的集萃，从形式到内涵都渗透着中国皇家文化的精髓。然而，自解放以来，颐和园在其功能定位上，更偏重于突出休闲娱乐的公园功能，其历史、文化、艺术、建筑内涵的挖掘相对被弱化了，对这些内容的深入研究和开发展示相对不够。所以，在颐和园每年将近1500万游客中，我们看到许许多多的人来到这里基本上都是走马观花，蜻蜓点水，有些甚至就是来凑凑热闹，还有四五百万人群纯粹把这里当成健身娱乐的场所，真正看皇家文化、了解中国历史、欣赏园林古建的不占多数。造成这种现象的原因一方面与游客层次有关，但更重要的是我们作为公园管理者，对这座珍贵的皇家园林一直以来弱化了她的历史、文化的充分挖掘和展示，利用这座宝库来对广大游人进行历史文化熏陶和教化的力度还远远不够。随着皇家园林文化节的举办和皇家园林文化挖掘、研究、开发、利用工作的展开，为颐和园向世人翻开崭新的一页，带来了令人鼓舞的机遇，同时我们也面临着严峻的挑战。

要挖掘和研究这座世界名园的历史和文化，首先需要对她的原貌有一个准确的认识，在此基础上进行的挖掘和研究，才是科学而准确的信息和结论，颐和园在北京众多皇家园林历史文化研究中的引领和导向作用，才能得到充分的体现。但是，作为世界文化遗产的颐和园，被人们誉为"保存最完整的天然博物馆式的园林"，长期以来面临的最大问题是她作为人们参观和休闲娱乐场所，存在着游人负荷过重、人类活动过频给古典园林带来破坏和影响的严峻现实。颐和园每年要接待 1000 多万人次游客，这样一个庞大的人群在这样一个有限的空间里活动，所造成的损毁是不可逆转的。举个例子，昆明湖上十七孔桥的桥面，乾隆时期当初铺的是一块块透水性极好的青砖供人行走，颐和园成为公园以后，游人爆满，那些青砖磨损得很厉害，坑坑洼洼让人难以行走。园方只好在 20 世纪 80 年代用硬度极高的花岗岩替换了原来的青砖，目的就是为了提高桥面的耐磨性，以便应对游客众多造成的损坏。其他还有许多地方，如果也采取类似的措施进行置换，照此下去，为了承受庞大的游人群体带来的磨损，颐和园还会有很多建材和设施需要进行置换，那么，这种日积月累的改头换面将会导致什么后果，是不言而喻的，皇家园林诸多历史文化信息能否得到保存和传承，也是不难想象的。因此，从这一点来看，要想使颐和园的历史、文化、艺术内涵得到充分的挖掘和彰显，首先需要考虑对颐和园既有的历史、文化、艺术信息和载体进行更好的保护和传承，在此基础上进行挖掘和研究，才能真正得以实施，也才具有科学价值。正所谓"皮之不存，毛将焉附"，保护和传承如果没有做好，挖掘和研究也将失去根基。

而要进一步做好保护和传承，那么，颐和园的功能定位需要决策部门重新进行考量。以西藏的布达拉宫为例，为了切实保护好布达拉宫内外设施和环境，早在几年前就实行了预约参观制度，每天游客的人数是在科学评估的基础上加以限制的。所以，对颐和园的历史、文化、艺术的挖掘和研究，是与对她的保护和科学管理密切相关、有机融合的，三者相辅相成，相得益彰。能否处理好这三者的关系，不仅事关颐和园未来的发展和命运，也是摆在管理者面前的一个重要课题。在充分传承和保护颐和园历史原貌的基础上，进一步深入挖掘其历史文化内涵与价值，这些工作不仅能够起到行业引领和导向的作用，也是一项功在当代、利在千秋的事业。有鉴于此，阚跃园长表示，今天的颐和园作为具有代表性的世界名园，她不仅是北京的一张魅力名片，传承着城市的历史文脉，而且也将在北京建设世界城市的宏伟蓝图中承担重要角色。因此，在当前和今后一个时期，颐和园将在北京市公园管理中心的统一领导下，着力完善综合建设体系，构建文化服务体系，优化管理服务体系，培育科技教育体系，健全安全保障体系，建立机制创新体系，以六大体系建设为切入点，努力打造全国公园行业的典范和具有国际影响力的世界名园。与此同时，积极承办各种具有国际影响力的文化交流活动，建设好高水准的信息化管理服务平台，逐步强化颐和园作为世界文化遗产的研究、保护和监测工作。围绕皇家园林文化研究，建立起公共文化服务体系，激发文化发展活力，充分发挥颐和园的资源优势、文化优势和教育优势，满足人民群众不断增长的精神文化需求，通过不断提升品牌效应，在把颐和园建设成中国传统文化的精神家园的同时，使之成为提升北京建设世界城市文化软实力的有力支撑。

具体到皇家园林文化的挖掘、研究和利用工作，阚园长介绍，在当前和今后一段时期，他们将充分整合、利用历史文化资源，深入研究历史文化内涵，不断创新文化弘扬形式，丰富弘扬内容，积极打造规模性的文化品牌和文化活动，在继续做好"一园一品"的同时，策划推出特色鲜明的"一园多品"文化精品项目，使颐和园悠久的历史文化和优秀的传统文化得到广泛的弘扬。此外，在文化出版方面将注重系列化，通过不同层次的出版物，全面反映颐和园的文化特色，并且做好文化传播工作，努力做到全方位、多角度展示颐和园所包含的深厚文化底蕴，为海内外广大游客全面、完整、客观、准确领略颐和园的皇家园林文化，提供一个多彩的视角。而作为管理部门，在皇家园林文化的挖掘、研究和利用中，要着力提高文化服务水平，争取文化服务最大化。下一步他们将合理规划殿堂、展室等文化服务设施的综合建设和更新调整，强化文化创意在文化设施中的体现，利用现代科技手段提高展室和传播水平，建立起内涵丰富、功能健全、实用高效的颐和园皇家园林展示、传播、教育中心，并且利用颐和园的文化资源优势，构建起高端学术研究平台，整合各界学术力量，开设高端学术论坛，促进国际学术交流。

在具体实施上，阚园长强调必须采取有效措施加以保证。针对颐和园当前面临的问题，必须注重整体保护与规划，以保护好核心区及其周边相关历史环境的完整性为基础，加强文物、古建、古树名木、非物质文化遗产的历史文化信息的保护、展示、利用，充分发挥颐和园在北京西郊皇家园林文化区的核心地位，做好区域规划与融合的研究。针对颐和园丰富的历史文化资源尚有很大的拓展空间，以及游客对历史文化信息不断增长的需求和期望，颐和园将充分利用资源优势，并且加强区域交流与合作，开发皇家园林文化产品和文化事业，培育颐和园特色文化活动的区域合作能力，建立起长效合作机制，通过开展富有皇家园林文化特色的游览活动来满足人们不断提升的游园需求。而要实现以上目标，必须充分运用现代化管理手段，构建颐和园智能管理系统，提高工作效率和管理水平。另外，在开展皇家园林文化研究工作中，颐和园不仅将努力培养和造就一支精通颐和园历史文化的高素质专业人才队伍，充分激发颐和园研究人员的积极性，加强基础研究，调动社会各方力量，加强交流与合作。阚园长透露，颐和园正在积极筹建"颐和园学会"，组成皇家园林研究团体，对皇家园林文化进行系统研究和成果转化，并以此推动"颐和园学"的早日诞生。

蓝图宏伟，任重道远。作为今日颐和园的管理者，阚园长感慨万千。他表示，以上各项任务艰巨而光荣。要完成使命，作为一园之长，最重要的一点就是要有"养仕"的胸襟和引领、激发全体员工满腔热情积极主动工作、不断探索创新的能力。"这也是我一直以来对人才的重视和致力于实现的目标。"阚跃园长用这句话，结束了本刊记者对他的专访。

文／陶鹰

（《景观》杂志高级编辑）

玉振金声响京城 礼乐和谐续新篇

——访北京天坛公园园长杨晓东

◎杨晓东

笔者面前摆着一支篪。

朱漆描金的篪身，一条威武灵动的金龙飞舞于祥云之间，在朱漆的陪衬下，高贵华美。出音孔处，垂着一个编结精美的五彩流苏。

篪，古已有之。《诗经·小雅》对篪与埙的合奏犹如兄弟情谊早有描述。作为中国古代乐器，篪与金石类、丝竹类、土木类、革匏类乐器共同组成八音乐阵，用以演奏雅乐。在我国明清两代帝王于北京皇家坛庙举行各种祭祀大典中，八音乐器用于演奏各种祭祀音乐，其中最为盛大的演奏，当数在北京天坛祭天大典中所演奏的祭天乐——"中和韶乐"。

然而，面前这支篪，并非古代文物，也非藏家所藏，而是出自北京天坛公园"神乐署"——这座明清时期皇家最高乐舞学府——当今"80后"青年员工之手！

倒溯几十年，由于各种政治运动导致的文化断层，使源自古代的意识形态和文化现象被一一扫除，作为其载体形式的许多文物更不复存在，诞生于天坛神乐署的"中和韶乐"以及表现它的规模宏大的八音乐器，也早已消弭于历史的深处。然而，眼前这支篪，怎么竟在今日天坛公园青年员工手中复活？

这个谜题，只能由天坛公园园长杨晓东来解答。

时值 2012 年正月，年味还在天坛公园里弥散，一年一度的天坛春节文化周刚刚落下帷幕，刚刚观赏过今年天坛祭天仪仗的游客就像国人在英国白金汉宫门前观看皇家卫队换岗一样，还沉浸在置身皇家仪仗队前的兴奋与震撼中；刚刚聆听过天坛神乐署中和韶乐的人们，还回味在皇家祭祀音乐所独有的深沉与凝重中……

杨晓东的办公室位于几排简朴平房中的一间，与隔墙相望金碧辉煌的天坛公园相比，天渊有别。灿烂的朝阳已经给祈年殿穿上金装，而刚刚上完"早自习"的杨园长还裹在厚厚的棉服里。从一大堆文件、报纸、资料、信息中抬起头来的杨晓东面容略显憔悴，每天五点起床，五点半出门，从城西住所赶到城南的办公室，从六点多到八点经过一个多小时"早自习"，当朝阳照亮办公桌那一刻，忙忙碌碌的一天才正式开始，如此日程年复一年。刚刚结束的 2012 年春节"天坛文化周"，作为一园之长，紧张与忙碌把疲惫还刻在他的脸上。

循着这支神秘的篪所特有的幽远空灵的乐声，杨园长满怀深情地讲述了天坛人对"文化建园"的认识和实践，并且为我们展示了自 20 世纪 80 年代以来，天坛公园"文化建园"书写的华美篇章。

他说，要了解天坛公园的"文化建园"，不得不提到天坛的文化特色。人皆尽知，天坛是我国明清两代帝王祭天、祈谷的场所，是代表中国古人崇拜自然、彰显"天人合一"精神理念的一个标志性场所。天坛不仅以其精美绝伦的古代建筑与规制著称于世，也积淀着中国古代历史、哲学、天文、绘画、音乐、礼制、历法等诸多文化元素，它们共同构成了天坛独有的文化体系，成为中华民族文化中的瑰宝。天坛魅力无穷的历史与文化，曾使美国国务卿流连忘返，曾令英国女王深情回眸，曾让印度总理登上天心石对天默祷，也曾使她作为中国的文化符号，印在了举世瞩目的北京奥运会会旗上……然而由于各种历史原因，过去很多年，天坛所具有的丰厚的民族文化内涵，却一直隐而不彰，人们只识其貌不谙其魂，延续的是建筑，断裂的是文化。

认识到这一点，天坛公园管理者于 20 世纪 80 年代起，就围绕"文化"这个要素在公园建设与发展上做文章，在历史研究、文化传承方面做了大量探索和实践，悄然迈开了"文化建园"的步伐。随着我国改革开放的不断深入，全国上下对文化在推进社会文明进步与和谐发展中的重要作用认识越来越深入，天坛人"文化建园"的步子也迈得越来越大，并且乘2001年北京园林界围绕"文化建园"召开的高层研讨会东风，汲取行业权威专家、学者、公园管理者的真知灼见，满怀文化自信，踏上了充分挖掘、保护、利用、展示和传承天坛文化及其独有的中国皇家祭祀文化资源和内涵的"文化建园"之路，表现出了天坛人高度的文化自觉。从一系列关于天坛公园"文化建园"的历史文献和专题科研报告中，可以清晰地看到多年来天坛人为之奋斗的足迹——

涵盖天坛历史、文化、建筑、美术、礼乐的展览，以"天坛文化展"的形式于20世纪80年代开始陆续在园内展出；从21世纪初起，又对各个展室的内容进行了丰富扩展和重新布展；从2002年开始，连续3年在春节期间举办了与皇家祭祀有关的文化活动，包括祭天仪仗表演、鼓乐表演和坛乐清音表演；2004年随着神乐署对游人开放，在神乐署表演的坛乐清音成为每日上演的保留节目……这些文化活动的开展，受到了广大游客的欢迎，但是，其中祭天仪仗的表演，却引来了一些批评与责难的声音。

面对批评与责难，传承还放弃，这对于2005年履新上任的天坛园长杨晓东来说，成为终日萦绕在脑海里一个挥之不去的问题。面对"文化建园"的历史使命和社会非议的挑战与压力，杨晓东反复学习领会上级有关加强公园文化建设的指示精神，深入调查研究论证，广泛收集社会和民众的意见和建议，站在天坛过去历任领导所打下的坚实基础上，他进一步坚定了沿着"文化建园"的道路，不断开拓创新，继续前进的信心和决心。话题到此，他感慨地说："天坛的格局、建筑、文物、乐舞、古树，荟萃了那么多历史、文化、科学、艺术、生态价值，是老祖宗给我们留下的无价之宝啊，面对这座世界文化遗产宝库，我们有什么理由放弃对她珍贵内涵的保护和传承呢？"于是，杨晓东在公园管理中心的关注下，在全园干部职工的支持下，不仅接过了天坛人"文化建园"的接力棒，而且决心在前人"文化建园"的基础上进行新的探索与实践，注入新的元素与音符。

在杨晓东的理念中，"文化建园"包括三个层面：一个是"文化传承"，一个是"文化育人",一个是"文化育园"。

杨晓东认为,要把"文化传承"做得更好,就要充分利用自身的文化资源和环境资源,用发展的眼光和开放的心态开展"文化传承"。于是,天坛人把目光瞄准了神乐署这座宝库,树立起将平面宣传向立体展示转变,从单一讲解向多形式、多渠道网格式展览转变,逐步形成纵向到底,横向到边的网络化、立体化视听宣传展示理念。为此,近些年天坛公园一方面加大了对神乐署、斋宫、回音壁等古建的修缮力度,一方面充分开发和利用神乐署丰富的古代乐舞资源。用他的话说:"通过重振古代祭祀乐舞,让现代人能够听到犹如天籁之声的中和韶乐,能够欣赏到高贵典雅的祭祀乐舞,为子孙后代留住这一宝贵的精神财富,实现对我国珍贵文化遗产的传承。"2006年,在神乐署这座昔日皇家音乐学院里,一支由"80后""90后"青年人组成的重振中和韶乐和祭祀乐舞的表演队伍成立了。天坛公园采取"请进来走出去"的方式,一方面专门为这支队伍聘请了清史专家、古建专家、宫廷乐舞专家以及资深音乐家来进行指导和帮助,另一方面组织人员外出考察学习。根据大量雅乐史料和宫廷祭祀舞谱,边学边练、边练边学,经过两年多艰苦的摸索和反复尝试,终于在2008年春节"钟敲一声,歌更一字",上古时期的玉振金声、中和韶乐在21世纪的神乐署金色大厅响起,天籁之音绕梁三日绵延不绝;与此同时,祭祀乐舞在祈年殿闪亮登场,华美绚丽的宫廷服饰,庄严神秘的舞蹈语言,整齐划一的舞蹈动作,给魅力无穷的祈年殿新增了无穷魅力;而祭祀仪仗表演更是按照古代皇帝行进的仪式与路线隆重举行,鼓乐齐奏,浩浩荡荡,庄严肃穆,整齐从容。所有这些表演,蕴含的都是"天人合一"的理念,表达的是国泰民安的美好企盼,这种寓意早已超出了表演的本身而走进了观众心里,贴近了人们的精神需求。结果可想而知,凝聚人气民心的天坛文化周在社会上引起了强烈反响,游客的满足在天坛各处涌动,赞誉在整个京城飞扬,而天坛公园也收到了社会效益和经济效益的双赢。

然而,这时又有一些声音飘出:"假皇帝""不真实""就是为了赚钱",甚至"劳民伤财""宣扬封建迷信"等等,成为这场古代祭祀乐舞文化饕餮大餐中的不和谐音符。面对这些杂音,杨晓东不无幽默地说:"是传承与弘扬中华民族文化瑰宝,还是宣扬封建迷信思想,这是个哈姆雷特式的问题。"他认为:

"天坛文化周表现的是古代祭祀文化中的'天人合一'思想和艺术形式。艺术来自生活，高于生活，历史可以艺术重现，但不可复制，这是一个基本认知。再现我国古代重大历史场面，让沉寂多年、几近失传的德音雅乐重新焕发古典音乐的无穷魅力，让祭天仪仗重现中华民族自古以来对天地自然的敬畏，体现的是爱国主义民族精神，与封建迷信无关。真正的文化，不仅要充分体现社会主义核心价值观，也应体现出最大的公益性和市场性的完美结合。天坛文化周受到民众欢迎，证明了这种活动的公益性和市场性。这说明广大民众是我们'文化建园'的受益者，我们更应当问心无愧地把这事做好做下去。"于是，身处动力与压力夹缝中的天坛人，在赞誉与非议的包围中，以祭天仪仗、乐舞、中和韶乐表演为主体，将春节文化周从2008年至今，义无反顾地连续举办了5届，年年受到广大群众欢迎，也得到了上级和社会各方肯定。从2009年起连续4年，赢得了由北京市委宣传部、市文化局、旅游局、园林局、公园管理中心和非遗保护中心等单位共同评选的"最佳创意奖""文化魅力奖""非遗展演奖""最具旅游人气奖""特色奖"等一系列桂冠。

这些年来，杨晓东感触最深的是——文化无国界。天坛文化展示不仅已经成为京城深入人心的一个文化品牌，而且还吸引了一些国际名人。比如2008年国际奥委会主席罗格，专程到这个作为北京奥运会符号的圣地领略天坛文化；台湾国民党原主席连战和亲民党主席宋楚瑜，在聆听了中和韶乐后，分别题下"王者仁心，福天眷佑""天道酬勤，人和太平"这样一些美好愿景。尤其是今年春节，神乐署又为观众呈献了一台全新的古代音乐文化盛宴。这次表演对中和韶乐曲目进行了扩展，新推出了在古都北京具有深厚民众基础，流传五六百年的"京十番"这一雅乐，专门开设了祭祀乐、八音乐、十番乐等专场，为游客提供更详尽、更丰富、更具专业性和艺术性的演出，场场座无虚席，并且吸引了一些社会名流和中国音乐、戏曲高等学府以及北京非遗保护中心的专家学者，专程前来感受礼乐文化的魅力。其中一些音乐院校提出希望进行双方文化交流，使神乐署能够成为其教学实习基地，让神乐署的演出走进校园，让院校学生进入神乐署实习；多家官方视听媒体相继采访了神乐署的表演，并制作了专题节目，还洽谈了拍摄专访节目和纪录片的相关事宜；一些品牌旅行社希望与神乐署合作，举办国际文化游览活动；一些知名书法家和佛教人士在观看演出后，或现场赋诗，或欣然题字，表达赞美和拥戴之情；许多外国游客在散场后久久不愿离去，有的希望得到表演音像资料留作纪念，有的留下名片期待将来进行合作；无数游客在神乐署特制的"古乐展示游客调查表"中留下了自己的观感，溢美之词比比皆是，比如："天籁之音，尽善尽美。琴瑟和鸣，古乐长存。"一首观众现场作诗："天籁出声明，大雅永扬声。幸得神乐奏，中和万古情。"把人们的赞誉与期望尽表无余……天坛文化周已然演进成一种文化现象，也可称之为"天坛现象"。对此，杨园长感到欣慰："只要人民大众认可，就证明我们的事业做对了。天坛文化周的火爆现象印证了一个事实：敬天祭祖的祭祀文化，其内涵与形式千百年来一直根植于黎民百姓心底，不会因为岁月的冲刷和时代的变迁而流逝，而人们对古代皇家祭天活动的神秘感和好奇心，也将伴随中国文化的流传而存在，天坛文化周满足了人们对崇拜的精神需求和对天地的敬畏之情。因此，只要我们抓住了群众需求，采取有效形式，公园文化就会随着公园的长存而传承下去。"

　　关于"文化育人"，杨晓东认为，"文化建园"不应当局限于举办各类文化活动，更重要的是通过"文化建园"，建设一支有文化素养的员工队伍，引导青年员工尽早树立起文化自觉、文化自信和文化自强的理念，实现"文化育人"。只有当"文化"真正成为广大员工素质的重要成分，才有可能把公园的文化事业做好做强，才能够使"文化建园"可持续发展。于是，就出现了文章开头的那一幕：经过五六年的磨砺，如今工作在神乐署的一班年轻人，个个身怀十八般武艺，每样工作拿得起、放得下，穿上工装能讲解，穿上戏服能登台，吹拉弹唱样样精通，还能按照雅乐乐谱和祭祀舞谱排练节目，甚至还可以根据史料记载，自己动手制作市面上早已无从寻迹了的古代乐器！前面提到的那支篪，就是这里的年轻人依据古籍资料，严格按照相关数据仿制而成。他们精心制作的笛、篪、箫、鼓与古籍资料相比，形制尺寸，一丝不苟，朱漆描金，惟妙惟肖，就连装饰的五彩流苏，也色料相配，绝不马虎，他们带着自己的作品一起登上了 21 世纪中和韶乐表演的大雅之堂！从 2010 年起他们又开办了《神乐署报》，用缤纷多彩的文字记载下他们茁壮成长的心路。这些年轻人从不知到知之，从一窍不通到执着痴迷，从过去挣钱吃饭到如今热爱天坛，人生观、世界观发生了质的飞跃，近年来这些年轻人中已有多名成为了公园基层干部。在复合型人才的培养、教育和管理创新上，神乐署进行了积极的探索和有益的尝试。

至于"文化育园"，杨晓东说这虽然不是一个新命题，但在我们注重推出各种文化展示和进行文化传承的同时，必须高度重视从历史文化的视角对园区环境、植被进行保护、建设和改造，要与皇家园林历史原貌相符，公园的历史文化信息要得到尊重和保留。因此，铺路、植树、栽花、种草、橱窗设计、景观效果，一定要与公园的历史文化衔接起来，千万不能脱离历史文化渊源，随心所欲，否则一座历史名园就会变成"四不像"。鉴于近年来时见报道的因为某些大型活动给场地造成破坏与损毁的恶果，人们自然会担心春节文化周给天坛现场带来的后果，尤其是在步步是古迹、处处皆历史的皇家园林里，这个问题更加撩动人们的关注。对此，杨晓东胸有成竹："天坛公园为春节文化周做了充分的部署和安排，制定了一系列预案，对建筑、古迹、古树、绿地的保护职责分别落实到了人头，对游客的安全和疏导也分别落实到各个班组，确保万无一失。"

天坛人在"文化建园"中取得的新成绩做出的新品牌，得到了广大百姓的欢迎和认可。对此，杨晓东语重心长地说："党的十七届六中全会提出的文化自觉，就是要求我们在文化上的觉悟和觉醒，对发展文化的历史责任要主动担当，而文化自信则应表现在对本民族文化价值的充分肯定和对文化生命力的坚定信念。经过多年的努力，我们在天坛历史文化研究、挖掘和传承上取得了一定的突破，形成了以演出活动为载体的京城文化品牌，并且把中和韶乐载入了北京市非物质文化遗产名录，这是我们在市委市政府的正确领导下，在公园管理中心的关心支持下，在全体天坛职工的共同努力下，几代天坛人薪火相传所培育出的公园文化奇葩。对此，我心怀感念！公园是历史，是百姓生活的幸福指数，春节是中国最重要的节日，是中国百姓一年一度难得的文化休闲机会，作为公园人，我们没有理由坐失这个机会，没有理由让百姓失望。能够得到政府、社会和市公园管理中心的支持，天坛理应在'文化建园'上起到表率作用，更加坚定不移地做好文化立园、文化兴园、文化强园这篇大文章。"他说："对照十七届六中全会公报要求，我们也看到了自身存在的差距。一方面我们在文化创意、展示水平、自主研发能力、核心竞争力以及品牌影响力上，还存在一定的欠缺，僵化保守的陈旧观念还桎梏着我们的文化创新能力。天坛的文化事业还需要在体制和机制方面创造更大的发展空间，还面对着经济问题的挑战，面对着从低端向高端的跃进，还需要顶层设计与开发研究更好地结合；另一方面天坛长期存在的不完整现状，不仅让天坛人还在经受着残缺之痛，也成为天坛之痛，更是关注天坛，关注天坛文化发展的广大人民的心头之痛，并且制约着天坛文化事业的进一步拓展。"令人振奋的是，2011 年在北京市"十二五"规划纲要中，已经明确提出了"系统规划实施魅力中轴线工程。结合天坛医院搬迁，完善天坛区域森林绿地系统，展现皇家园林景观。"紧接着，天坛公园所属东城区在"十二五"国民经济和社会发展计划中也确立了天坛周边的整治项目，并且细化了方案和步骤。杨晓东说，当他听到这个消息时，顿时眼中热泪盈眶！收回天坛坛域这是纠结了几代天坛人的期盼和夙愿，今天终于迎来了第一线曙光！尽管在时间上还会有一个过程，但天坛人充满信心！

回首往昔，"文化建园"的提出如同一个里程碑，标志着北京园林人所具有的文化自觉和文化自信。"文化建园"的理念与实践，体现出了北京园林人超前的胆识与魄力。而天坛公园在"文化建园"的探索历程上，不仅使文化自强得到了充分体现，而且也充分彰显了敢为人先、勇于创新的天坛精神，更给天坛公园的永续发展注入了强大的生命力。

文 ／ 陶鹰

（《景观》杂志高级编辑）

以动物为镜反观人类的进步

——专访北京动物园园长吴兆铮

◎吴兆铮

"动物不会说话，它们只能用自己的生与死来反射我们的工作水平。从职业和道德的角度，我们要对动物的生命负责。我们接待的游客有些或许一辈子只能来北京动物园一次，因此，我们要努力把日常服务工作上升到'唯一一次'的高度。"

——吴兆铮

　　有着100多年历史的北京动物园从晚清起步，穿越民国烟尘，步入新中国怀抱，走过建国初期、60年代、70年代的创业历程，迎来改革开放的花样年华，今天，她又站在一个辉煌的起点——与北京建设世界城市同行。作为这座历史名园的管理者，他们的理念和作为，关乎这座名园的昨天、今天和明天的命运。尤其是当北京踏上通往世界城市的漫漫征途时，北京动物园的管理者在思考什么？他们认为怎样才能使这座古老的动物园保持行业领先，生机勃勃地向着更高的目标前进？……为此，本刊记者对北京动物园园长吴兆铮进行了专访。

记者：根据市委、市政府规划，从现在起到 2050 年，北京市将逐步从现代化国际大都市向着打造世界城市方向迈进，在这个过程中，您认为北京动物园将面临怎样的机遇和挑战，如何发展才能与北京建设世界城市的步伐协调一致？

吴兆铮：在北京市建设世界城市的过程中，北京动物园确实面临着各种机遇和挑战。如何与时俱进，如何推波助澜，如何协调发展，是摆在我们面前的一个重要课题。作为动物园的管理者，研究北京动物园的未来发展不能脱离现实环境和历史背景，充分理解党的十七届四中全会精神和北京世界城市战略目标与北京动物园发展之间的关系。市领导吉林同志不久前提出："世界城市是国际城市的最高形态，虽然我们离国际城市还有差距，但既然提出了这个概念，就要求北京谋划工作、推动工作时，要站在世界城市的高度上，要求有世界视野。"这为我们今后的工作提供了认识论和方法论。我认为在北京建设世界城市的过程中，最关键的是要将动物园的发展与北京市的整体发展紧密结合在一起，把握好市公园管理中心和市属公园的发展大局，把握好国际国内动物园和公园行业的发展方向。

记者：面对这些机遇和挑战，作为动物园的管理者和广大员工应该怎样应对？

吴兆铮：首先，作为北京动物园的管理者，在制定发展规划和研究具体工作时，必须站在世界城市的高度上，充分掌握国际高水平动物园和动物园行业的发展情报和信息，深入分析其各项工作指标的科学性和内在规律，并与本园目前各项管理工作进行对比研究，在此基础上，科学制定北京动物园在世界城市建设中的近期和中长期发展规划和具体工作目标。围绕这些规划和目标，一方面加强制度建设，另一方面制定目标明确的具体任务，使北京动物园的发展与北京建设世界城市的步伐协调一致；其次，组织全体干部职工紧紧围绕在北京市实现世界城市规划目标中北京动物园所确立的发展规划和目标，统一认识，解放思想，群策群力，努力实践，对具体工作目标进行分解细化，逐项落实到位，在北京建设世界城市的进程中齐心协力把北京动物园打造成国家动物园。

记者：国家动物园是一个什么概念？如何将北京动物园打造成国家动物园？

吴兆铮：国家动物园是指在国内代表着一流水平，在国际上处于领先地位，在动物园行业能够起到引领和示范作用的动物园。许多国家的首都动物园都扮演着国家动物园的角色，它们是这些国家动物园行业的代表。北京建设世界城市给北京动物园努力打造国家动物园提供了契机，同时也面临着挑战。就目前而言，动物园的员工在知识结构、工作态度、专业技能等方面与国家动物园的要求和需求还存在着相当大的差距，为此我们亟需加强基础建设工作，提高队伍素质。园党委把 2010 年定为"基础建设年"。所谓"基础建设年"涵盖了三方面内容：一是夯实思想基础。教育全园干部职工正确认识形势，正确认识北京的发展目标，正确认识动物园的努力方向；二是解决能力问题。通过各种培训和学习，不断提高广大职工特别是科技干部的工作技能和管理水平，从而提高工作质量和效率；三是加强制度建设。围绕北京建设世界城市发展规划目标下的北京动物园发展目标，组织各部门用 PDCA 法对本部门各项工作进行制度化梳理、分析，找出存在的问题并且提出修改意见，在此基础上制定出北京动物园工作标准，再通过实践进行检验和修正，最终建立健全与北京建设世界城市规划目标相一致的北京动物园工作体系。

在今年工作中我们提出了三个创新：一是服务工作创新。动物园工作的终极服务对象是游客。结合"基础建设年"工作，要求全园干部职工关注并参与游客接待服务，构建起服务质量管理的组织体系，落实服务质量管理职责，形成全方位、立体化服务质量管理网络；二是教育保护创新。在以往工作经验基础之上，进一步总结推行动物丰容、动物训练、动物饲养管理"五率"指标等项目化、数据化的一流工作，积极发挥科研及理论研究工作对动物饲养管理的支撑作用，充分重视专业理论培训对提高员工业务水平的积极作用；三是管理工作创新。今年我们还将进一步推进体系认证工作，进一步提倡和推行精细化、标准化、科学化管理，坚持 PDCA 工作方法，重视工作的策划与执行力，过程控制与目的一致。北京动物园工作创新需要理念创新、科研创新和技术创新作为支撑，要把实践与认识相结合，通过持续改进提升北京动物园的整体工作水平和行业领先地位，打造国家动物园品牌。

记者：除了在基础工作上创新，作为北京动物园的管理者，您认为还需要在管理理念和机制上进行哪些创新？为什么要进行这些创新？

吴兆铮：需求是创新的前提和基础。外部需求如政治、经济、文化、社会、行业等和内部需求如认识与理念、机会和条件、事业和发展、福利和待遇等，要求北京动物园管理者必须与时俱进地考虑发展，必须不断开拓创新。相比而言，动物园行业是一个生产力水平较低的行业，在很大程度上借鉴、引进就是创新。

比如国外动物园行业"丰容"理念引入我国以来，北京动物园进行了积极探索。"丰容"就是以野生动物福利为要求，改进圈养野生动物环境丰富度，实现圈养野生动物行为改善的一系列方法的简称。在动物园开展丰容工作还可以提高保护教育水平，让游客从单纯观赏动物提升到关心动物的生存环境，从而全面了解动物保护知识，同时还能树立行业形象，提升社会文明素质。

目前我们丰容工作取得了积极的效果。比如我们的斑马区，通过改造，模拟自然，动物野生习性得到恢复，健壮率提高，繁殖率正常，游人们所看到的是在鸵鸟相伴下的斑马家族，雄性领队，母子相依，竞争与秩序，慈爱与学习的景象。而且，通过丰容动物也反馈给我们许多积极的信息。比如园里斑马丰容改造后，以前每年需要定期给它们做修剪蹄子的工作，因为圈养野生动物由于吃得好而活动少，它们的蹄子、爪子就像人类的指甲一样会不停地或快速地生长，需要人们帮助它们修剪，但野生动物修剪趾甲一般要麻醉后才能进行。而丰容后修剪趾甲的事儿由斑马自行解决了。原因是随着它们的活动量增加，生长的蹄子、趾甲通过不断的运动给磨掉了，斑马自身维持了吃食－长蹄子、趾甲－运动－磨蹄子、趾甲的平衡，这样最大的好处是减少了麻醉风险。又如丰容后每年出生的小斑马性别比也基本平衡了。斑马是一种社会性很强的动物，雄斑马数量多了就会多生雌性斑马；反之如果雌性多了，当年出生的小斑马雄性的可能性就大，这也是丰容后圈养斑马自然野性的回归表现。这类事情很多，丰容后的动物行为表现就是对丰容工作的支持和肯定。当然，我们的丰容工作还存在着极大的提升空间。为了使丰容工作不断深入，我们与一些高校联手，开展了一系列丰容科研项目，取得了多方面的成果。要把一个百年老动物园改造成一个新型动物园，远远难于新建一个动物园。但我们拥有北京动物园深厚的文化积淀和丰富的工作经验以及员工队伍这些宝贵财富，只要我们充分挖掘和利用好这些资源，就能够在不断创新中成功推进北京动物园的发展。

记者：从当今世界各国发展趋势来看，动物园已经逐渐从商业性机构向着公益性机构嬗变，越来越多地承担起保护教育的功能，这一趋势和发展理念对于北京动物园意味着什么？你们对此有什么回应？

吴兆铮：从世界动物园历史看，动物园发展存在着由早期娱乐为主向现代以公共教育为主转变的过程，现代动物园的功能是为社会提供野生动物展示及相关知识信息的公共教育平台和保育平台。一个好的动物园应该调动一切资源，通过教育保护实践工作，实现其公众教育职能。这是社会对动物园的要求，也是动物园发展的必由之路。为此，北京动物园必须抓住机遇，面对挑战，与时俱进，肩负起历史责任和使命，通过理念和人员的进步来推进动物园的进步。

记者：动物园的管理与服务、野生动物的饲养与保护、相关知识的普及与教育等，是一套相辅相成、极具科技含量的工作体系，在这些方面北京动物园进行了哪些探索和制度建设？

吴兆铮：从 2006 年起，我们在动物饲养和保育工作中实行了数据化管理，通过对动物发病率、治愈率、死亡率、健壮率、繁殖成活率这"五率"进行量化管理，极大地提高了动物的健壮率，降低了发病死亡率。我们根据北京动物园的情况，在动物业务工作片推行工作台账的基础上，收集了前 3 年的动物繁殖成活率、发病率、发病治愈率、病死率和健壮率数据，将其平均值（根据情况微调）作为各工作岗位指标进行日常管理和年终考核的依据。通过具体落实、奖优罚劣，这项工作在 2008 年、2009 年取得了明显的成效。就拿动物死亡率来说，2008 年、2009 年呈现出下降趋势，死亡动物绝对数量同比减少了 500 多例。可见"五率"管理挽救了动物的生命，提高了动物的生存质量和动物福利。2009 年 9 月，我们与中国保护大熊猫研究中心、香港海洋公园和台北市立动物园共同主办，北京动物园承办了首届两岸三地大熊猫保护教育学术研讨会，会上共作了 38 场学术报告。与会代表就加强大熊猫野外保护、圈养管理、科学研究、公众教育和交流合作等方面，进行了经验交流和理论探索，以大熊猫保护为平台，促进两岸三地的专业沟通与交流，建立起了两岸三地间大熊猫保护与科研的合作交流机制。2009 年 10 月，我们配合中国动物园协会，筹划建立全国动物园行业工作标准，北京动物园起草了行业标准的基本框架和相关文件，召开了全国性的专题工作研讨会。建标工作的开展将推动中国动物园工作水平的提高，是动物园行业的一件大事。在有关标准起草工作中，我们把动物福利理念、安全指标、动物园的公益性以及动物园行业的可持续发展等内容体现在标准中，努力把全国动物园的实践成果、国际动物园经验和中国发展对动物园的需求放在标准中。

记者：制定这样一个行业标准的重要意义和作用是什么？

吴兆铮：随着我国动物园行业的蓬勃发展，规范管理的问题日益突出，尤其是在市场经济背景下，由于不同利益集团和组织的进入，使动物园行业在经营管理理念、方法，动物福利和行业形象等方面，出现了许多问题，危害了中国动物园行业的整体形象和发展，比如最近发生的沈阳死虎事件，就是一个例证。加上中国地域辽阔，各地动物园发展水平、规模、动物资源、工作理念以及技术标准存在着很大的差异。因此，如何整合资源，推动动物园行业科学规范发展，成为当前中国动物园行业健康发展、壮大的关键所在。制定中国动物园行业标准既是当前我国动物园行业发展的迫切需要，也是动物园保护教育功能得以实现的需要，它起到行业规范作用，让动物园工作有规可依、有章可循。目前国际上普遍采取协会或联盟的通行行业管理模式，通过制定国家或地区动物园标准化工作体系，对动物园实施行业标准化管理以及利益保护，有效保护了行业利益。制定并实施包括道德规范、动物保护标准、濒危动物保护条约等在内的行业标准体系，能够促进全国动物园行业的可持续发展。

记者： 长期的动物园管理工作给予了吴园长哪些可供大家分享的体会？

吴兆铮： 北京动物园是市公园管理中心领导下的市属公园，是一个专类性很强的公园。从宏观上来看，北京动物园的管理最关键的是如何与时俱进地站在世界、国家、北京市和行业发展的角度，找准自身定位，探索工作规律，有效开展工作；从微观上来看，公园管理实际上包含了三个层面，一个是对人员的管理，第二是对资源的管理，第三是对信息的管理。前面两个层面不难理解，对于第三个层面，我认为尤其需要重视。要想把北京动物园打造成行业的龙头，建设成一个好的单位，必须敏锐地捕捉和利用各种相关信息资源，推进理念创新。有百年历史的动物园也有很多不良积淀，其惯性导致各项工作容易落入因循守旧、墨守成规的窠臼，要学会从工作和职业要求改进自身思维和工作模式。比如发生在沈阳的死虎事件，作为动物园管理者，应当立即从中有所反应，尽管这是一个负面信息，但能使我们从中得到许多感悟和启示。在动物园的管理工作中，要运用"内外动力学"。所谓内部动力，就是在内部建章立制，进行认证管理，通过日常检查，发现差距，加以改进，把制度建设和落实作为工作动力；所谓外部动力，就是广纳社会各方意见，分析研究，进行改进和落实，把游客、领导、职工、社会等外部意见建议作为工作动力。两种动力协调并进，推进管理工作不断创新，在探索创新中向着更高目标前行。

记者： 北京动物园是一个万众瞩目的窗口，近年来经历了一些社会影响较大的事件，比如刘海洋伤熊事件、2004 年的搬迁风波，您认为这些事件应当给人们带来什么样的启示？

吴兆铮： 我认为这些事件应当引发人们这样一些思考：社会究竟应该怎么认识

和理解动物园的公益性？人们应该怎样认识和理解动物园的社会职能？社会关注动物园什么？而动物园关注社会什么？如果作为一个生产单位，那么动物园的产品又是什么？只有把这些问题真正搞清楚，才能从根本上减少问题出现。动物保护和公众教育问题，必然成为动物园两大新功能。几年前的刘海洋事件，反映的正是动物园公众教育的缺失；而搬迁风波所引发的社会大讨论，通过社会的广泛认知和积极参与，一方面反映出动物园的公众性，促使动物园的管理者在认识上对动物园的功能进行重新定位，另一方面也引起我们的反思和自省：在回应公众对动物园的热诚期盼与高度关注中，作为动物园的管理者，我们还应该做些什么？

记者：2004 年春季，由北京动物园、中国动物园协会、中国青年报绿岛、绿家园志愿者等单位联合发起向社会公开招募动物园志愿者，这是目前中国大陆最早的也是唯一的动物园志愿者组织。您认为建立这样的组织意义和价值何在？产生了怎样的社会效益？

吴兆铮：动物园志愿者组织的成立并且展开活动，是北京动物园对保护和教育这两大社会职能的有益探索。几年来的实践证明，这个组织在北京动物园保护教育功能的实现和延伸中，发挥了积极的作用，许多事例已见诸于各种媒体报道。另外，近两年北京动物园配合国家重大活动举办了一系列大型活动，比如在奥运前夕举办了"四川大熊猫奥运北京行"，60年国庆前夕举办了"国宝迎国庆"，虎年前夕举办了创吉尼斯纪录的虎年画虎活动等等，都是北京动物园对保护和教育这两大社会职能进行实践和延伸的探索。

记者：我们注意到吴园长经常提到"北京动物园也应该是北京的窗口和名片"，为什么这样讲？

吴兆铮：北京动物园和其他动物园不同，她既是中国现代动物园、植物园、博物馆的发祥地，也集动物园、植物园、博物馆功能于一身。在发挥保护教育功能的同时，还肩负着国际外交功能。最近召开的中共北京市公园管理中心第一届党代会，提出了贯彻落实科学发展观，站在北京建设世界城市的高度，围绕"人文北京、科技北京、绿色北京"的发展战略，努力建设具有国际影响力的公园行业典范的宏伟目标，为北京动物园继续保持行业典范指明了方向。北京动物园多年来一直处于全国行业领先地位，如何百尺竿头更进一步，是我们管理者面对的课题；从外交功能来看，自古以来人类社会就有把本国特有动植物作为与国际和地区间友好交流的惯例。众所周知，新中国成立以来，北京动物园在我国对外交往活动中一直扮演着重要角色，做出过特殊贡献，承载着我国与国际社会政治、经济、文化交流等多方面使命，并且还将继续为此做出更多的奉献。牛有成副市长在中心党代会上再次强调了首都公园要"三个面向"：面向世界，是展示中华文明的窗口；面向全国，是展示首都形象的精品；面向市民，是展示北京发展的舞台。因此，如何把北京动物园这扇窗口和这张名片打造得更加精美，是摆在我们每一个管理者和广大员工面前的历史责任和使命，我们任重道远，但未来光明。

文／陶鹰

（《景观》杂志高级编辑）

一片冰心在玉壶
——北京植物园副园长赵世伟访谈录

◎赵世伟

10年前，刚刚26岁的赵世伟博士生毕业后，放弃了许多条件优越的工作，毅然选择了北京植物园，只因为这里能实现他心中的梦想：终生愉快地从事自己喜欢的植物研究工作，生活和工作在清新纯净的自然环境中。转眼十年过去了，从当年园林行业的第一位博士生，到如今的北京植物园副园长，赵世伟走过了一条曲折而又艰辛的路程。

采访中，他始终亲切随和，敞开心怀与我们交流，不时发出爽朗笑声，消除了我们的拘束与紧张，而他渊博的学识、开阔的思路、积极的人生态度、严谨的工作作风更令我们觉得受益匪浅。

记者：您觉得自己在北京植物园是否能够学以致用？

赵世伟：我在大学学的是园林植物专业，毕业时，我也曾对自己的未来做过一些设想和规划，其实也很简单，就是希望在一个美丽的地方能够拥有一片自己的园子，能在园子里做一些新品种培育、植物的研究等方面的工作，终生生活和工作在清新纯净的自然环境中，因为那时毕竟是初出校门，思想还很幼稚，想法也难免带有理想主义或浪漫主义色彩。但是回首我来北植的这十年，应该说，虽然在某些方面仍然还是个梦，但是，我也确确实实得到了很多。我之所以能够取得今天这样的成绩，首先是因为我当初正确地选择了北京植物园。来到植物园以后，我又十分幸运地遇上了一个好领导——园长张佐双同志，在他的关心与支持下，我才能将自己的所学付诸实际，而建设大温室更是让我学以致用，并获得了今天的一些小成绩。

记者：作为园林行业的第一个博士生，您认为高学历人才对园林行业有何意义？

赵世伟：在我刚来北京植物园的时候，博士生还是比较少见的，但是时代在发展，形势也在变化，现代社会里，博士已经成为十分常见的现象了，各行业的从业人员水平每年都在提高，既体现出社会的进步，也是为了适应时代的需要。其实在国外，园林行业里的高学历人才很常见。我们张佐双园长经常强调一句话：我们要以一流的标准，用世界的眼光，来指导我们的工作。一流的工作、一流的标准是什么样的呢？只有达到过的人才能了解。在学校求学阶段，我受到了一种文化氛围的熏陶，积淀了较丰富的理论知识，这些对我后来的工作有很大的帮助。在建设大温室的过程当中，有些知识并不完全是在学校里或书本上学到的，这就需要再学习，而多年学校教育使我在学习知识方面有很大优势。

所以我认为园林行业里所谓的高学历，对提高工作水平虽然有一定的促进作用，但如果不与时俱进，不努力地学习新知，所谓的高学历就没有任何实际意义。我们国家与国外的差距并不是在能力与技术上，而是在意识和理念上。科学技术方面的差距，可以通过各种渠道获得，但是意识和理念却不是一朝一夕所能影响和改变的。

记者：您能具体谈谈园林行业中关于意识、理念落后上存在的现象和问题吗？

赵世伟：比如现在我们都在大谈"绿色奥运"，但是到底有多少人明白"绿色奥运"的真正涵义呢？某些人把它片面理解成了大片整齐的绿地、草坪，讲求的是人造美，但是国外已经进入一个追求生态美的层次。比如，有人提出要保护一片珍贵的野生地被，某些人却反对：那片乱糟糟的野地有啥可保护的，毫无美感可言，也没有实用性，还不如把野草全拔掉，种上果树或鲜花，不但好看，还能创造经济价值。他们全然不理解保护一片野生地被对于生态保护有何意义。现在各个公园都在完善基础设施，公园内都装设了高音喇叭，对于这项举措我个人持保留态度。我觉得在公园安装高音喇叭，无形中束缚了人的思想，控制了人的行为。当然在一定的时期，高音喇叭确有其用途，比如在地震、失火等紧急情况下。但社会在发展，人们的素质和审美意识也在提高，游人来公园不是为欣赏音乐，而是需要在优美的环境中放松身心，体会大自然的静谧与和谐。美国布鲁克林植物园的《游人须知》里有一个规定：请勿带收录机入园，如果您要听音乐，请戴上耳机。目的就是保护每个人安静享受大自然的权利，体现出一种对游人的人文关怀。从生态角度讲，装设高音喇叭也是对环境的破坏：高音喇叭打扰人的同时，也会干扰林中的各种动物和鸟类的生活。

记者：您认为北京植物园应该朝哪个方向发展？

赵世伟：自 1956 年北京植物园成立，到如今已快半个世纪了，其间相当长的一段时间里植物园的发展是相当缓慢甚至是停滞的，只不过到了近十年才进入飞速发展的阶段，北京植物园里现在所有的亮点也都是在这个时期完成的，包括大温室、水系呀等等，目前也正是植物园发展的一个最好时期。

全世界现在共有两千多个植物园，每个植物园都各有特点，不尽相同。有经典的植物园，有侧重于物种保护的植物园，有完全用于科学研究的植物园，也有完全为了科学普及的植物园，还有仅具游览观光功能的植物园。北京植物园地处首都北京，建园历史也比较悠久，作为一个古老的大国，中国拥有全世界的植物学家都为之向往的极其丰富的植物种类，在此基础上，我认为，北京植物园应该成为国内一个将科学内涵与艺术外貌结合得很好的植物园典范。

记者：在植物园的旧的景观和新的景观之间，是否存在冲突或矛盾？您是如何处理园中新旧景观之间关系的？

赵世伟：卧佛寺和曹雪芹纪念馆等景观早在植物园建成之前就已经存在了，不管是从文物保护的角度，还是从发掘文物资源的角度，植物园的旧有景观与新景观之间绝不存在冲突。应该说，旧景观是对新景观的一个很好的补充，更是我们北京植物园的一笔宝贵财富。卧佛寺是一个佛教寺院，寺里种有许多珍贵的古树，像娑罗树、藤萝等。藤萝这个物种是西方植物学家定的名，而确定此名称的地点就在西山卧佛寺一带，我推测，那棵定名的标本树很可能就是卧佛寺现在这棵藤萝。不管是从文物角度还是植物学角度，这棵藤萝的价值都是无法估量的。卧佛寺里的腊梅闻名遐迩，老北京人都知道看梅花就得去卧佛寺。我们就利用卧佛寺知名度的优势，从河南等地搜集了十几个品种的腊梅种植在寺里，不仅能对腊梅品种进行搜集与保护，还能与植物园的内容完美结合。在曹雪芹纪念馆，以往我们的设计更多的是从景观上着手，去年我们做了一个尝试，举办了一个"红楼梦植物文化展"，就是将《红楼梦》里所提到的植物挑选了二三十种，专门做了个展览，借此活动将植物与文化、科学与艺术巧妙地结合起来。

记者：北京植物园的大温室是您亲自参与建设的，在其建设过程中有没有遇到过困难？

赵世伟：1997年我们开始筹建新温室，我参与起草了建设新温室的请示报告，后来各种国内外资料的查询和温室应用的可行性研究等工作，也都是由我负责完成的。因此，大温室对我来说非常重要，凝聚着我的心血和希望。那个时候，温室建设在我们国内完全是一片空白，虽然国内以前也曾建过一些温室，但留下的都是失败的教训，没有成功的经验。我在着手建大温室时，因为没有可借鉴的经验，只有边做边学边琢磨。在这个过程当中，我们付出了许多，也学到了许多。比如，为了能得到最新的国内外资料，我们想了许多办法，花了许多气力，但结果仍不理想。我在大学里曾经接触过电脑，就想到了借助网络来查询资料，既方便又快捷，于是我们就申请了一台上网电脑，果然就解决了查资料难的问题，而电脑又为我们以后的学习新知识开拓新领域提供了条件，温室建设中的许多问题也就迎刃而解。

记者：作为负责温室管理的主要领导，您具体是怎么实施对温室的管理的？

赵世伟：温室可以说是一种社会公益事业，不太可能从中获利。按照一般国际惯例，公共娱乐场所建成的当年游人量是最多的，第二年游人量会减少20%到30%，第三年也会有同样幅度的减少，第四年时游人量也许会只剩下最初的20%，所以，想要恒久保持高游人量，就必须不断突破创新。为了这个目的，我们在温室办了各种各样的活动吸引游人。今年大大小小的活动已经搞了30多个：春节时我们办了科普游园会，还举办过兰花展览、茶花展览、牡丹展览等。我们举办最成功的活动就要数去年情人节办的"9999朵玫瑰展览"了，当时我们用9999朵玫瑰组成了一朵巨型玫瑰，北京市的晚报、日报等媒体纷纷前来采访报道，无形中为我们的活动增加了声势。那次活动中，我们投入不多却获利颇丰，而且创造了很好的社会效益。

记者：您认为2008年北京奥运会对于北京植物园的发展来说具有什么样的意义？

赵世伟：我当然希望借2008年北京奥运会的春风，我们北京植物园也能有一个更好的发展前景。2008年奥运会虽然是一个体育界的盛事，实际上也是对承办国所有行业的一次检阅，能否拿出一个具有世界一流水平的植物园展现在世界各国人民面前，是一件非常重要的大事。中国的植物资源非常丰富，被称为"世界花园之母"，这么一个植物资源丰富的国家却没有一个世界一流水平的植物园，与中国的大国地位很不协调。我们现在正在和中科院洽谈合作恢复筹建国家植物园，能进展到什么程度我现在还不好预料，但我们一定会尽我们所能，全力以赴地去争取。

　　后记：采访中我们还有一个有趣的发现：在北京植物园，同事们都亲切地称呼赵世伟为"博士"，这一称呼背后丝毫不含调侃和打趣之意，蕴涵着的是同事们对他发自内心的钦佩与爱戴。十年来，赵世伟日复一日、年复一年地勤奋工作、默默耕耘着，为了植物园的发展和建设，他失去了许多个人研究的机会，这可以说是他心中的遗憾吧。但是有所得必有所失，当看到植物园的面貌在逐渐改变，他就觉得自己的付出得到了回报，因为在他心中，能为植物园做贡献，是他作为园林工作者义不容辞的职责与使命。

文 ／谢再红

（原《景观》杂志工作人员）

园林文化
与管理丛书

大家忆往

笑看园林别有天

——访原北京市园林局党委书记张光汉

◎张光汉

六月的北京花团锦簇，生机盎然。位于紫竹院公园西院，在松竹掩映的北京市公园绿地协会会议室内，却是丝丝凉意，茶香飘散。上午9时许，曾任市园林局党委书记、环卫局局长、市人大环保委主任、市城建工委书记的原颐和园园长张光汉先生如约来到协会，接受了《景观》编辑部的采访，听他述说当年在颐和园工作中的故事。

张老虽已75岁高龄，但精神矍铄，面带微笑，言谈举止透露出老园林人的豁达随和。之前听说张老现在还经常到风光秀丽的颐和园走走转转，似乎这里有他割舍不断的情愫。自然话题便从颐和园展开。

张老告诉我们，"我是1950年3月来到颐和园的，那时是派驻颐和园的警卫小组，任副组长，但作为颐和园职工出现，只是待了一年。'二进宫'是1979年，三中全会之后把我第二次解放，被派到颐和园做领导工作，一晃又待了4年。那时干的都是粗活，清渣土、运垃圾等都是家常便饭。"听了张老的介绍，使我们不由得联想起当时新中国成立不久，国家的各行各业包括园林系统都百废待兴。张老的一席话印证了当时的情景，仿佛那个时代的缩影就浮现在我们眼前。我们对张老充满了崇敬，我问张老："您在颐和园工作肯定遇到不少困难吧？"张老说："任何一项工作，要想把它做好，都会遇到各种困难的，但是把颐和园的工作搞好是我们的责任。当时包括清理西太后时遗留的煤灰、以至四大部洲的维修，也都是举全园之力发动广大职工完成的。"张老说起这些往事，滔滔不绝，脸上洋溢着灿烂的笑意。当时游人花4角钱买票进颐和园，在后山四大部洲的通道上见到"此墙危险，游人止步"的牌子，很有意见。张老想游客之所想，协调各方面关系，力排众议，提出维修方案，"颐和园自己组织修缮"。公园自己到山区找背工，为颐和园的增光添彩和保护文物古迹做出了贡献。

颐和园一直是行业的标杆，自然是强调管理和服务。用张老总结的话来说就是"科学管理是中心"，公园是为人服务的。他在任之年，始终把园容卫生、服务经营和安全等纳入重点管理范畴，对颐和园来说，首先强调安全第一。在园时，处理过溺水身亡事件、着火、变压器爆炸等等，似乎难缠的事总是出现，然而都被他一一化解。在他任主任期间，坚持每天早晨在公园转一圈的习惯，做到对公园工作心中有数。发现问题上班就开会解决。遇到一些小事，也从不放过。一次，张老看见园林职工家属小孩揪摘海棠吃，就上前制止，次日又苦口婆心劝说员工要好好教育好自己的孩子，要爱护颐和园的一草一木，并语重心长地说："颐和园是咱们大家的，没有颐和园就没有我们的一切。"张老看见游客抽烟也会毫不留情的管束，因为他深知殿里都是文物。按照那时的惯例大殿上锁都是两把，并贴小封条，严格按规章流程办事，甚至有一次竟然把一名游客锁在了大殿里。那名游客事后不但不怪罪，反而高兴地赞扬说："我走遍了世界上很多园林，管理如此精细严格，这还是我头一次遇到。"张老在任颐和园园长时，加强了文物保护工作，请示上级拨专款，制作锦匣木盒，并把每件文物照相、编号、装匣。这些事看似微小，但是，以小见大，一滴水也能反射太阳的光辉。说到卫生，张老不无感触地说："当年，光东门厕所就修了三次，由最初的三冲两扫，改为脏了就扫。原来闻着味儿便可找到厕所，狠抓厕所卫生后才扭转了对颐和园的责难，才有了后来颐和园被评为市卫生红旗先进单位。"人们经常在园里看到一个身影，每到节假日，他就是背桶保洁工；一到星期一就带领员工上山捡拾冰棍儿纸，所有这些事例，都表明老园长对园容卫生的重视。当时还提出了"砖地无土、土地无脏"的口号。张老手一挥，做了一个清扫的动作，接着又进一步补充道："本来这是管理的范围，管理也是科学，不要一讲科学就是那些生产技术上的事，管理出效益，管理促进科学的发展。"张老谈管理工作，总是把职工的切身利益放到首位。他认为没有利益的事业，是不完美的。张老特别强调："对职工来说，一定要把职工的利益和事业联系在一起，才能增强凝聚力。"当年在任环卫局长时，为掏粪职工力争"臭味儿津贴"的故事，体现出他心中"以人为本"的管理理念，凸显出他的人性光辉。张老认为，作为被誉为全国第一的园林，在管理上需要不断进步，并由粗放向精细发展。尽管现在有了摄像头，但现代化只是一种手段，仍离不开对人的管理，对人性的关心和理解。

我们问张老，您离开颐和园后，担任市园林局书记、城建工委书记以及市人大城建委主任等领导工作，从领导这个角度是怎样看颐和园的？张老回忆年轻时，自己参加工作第二年就在颐和园生活了，随着时间的延长，对颐和园有了更深的感情，后来才感受到了颐和园的历史价值的可贵、文化底蕴的深奥，体会到在这样鲜明的、具有传统文化背景标志的特殊环境中，管理工作应越来越细，特别应以人为本，加强对职工的思想教育及管理。他说："现在收入高了，但对服务更应细化，就是挖掘文化内涵本身也是管理的重要内容。"这从一个侧面反映出他对颐和园文物的深沉的爱，也是一种对传统文化的深刻领悟。

最后，张老满怀深情地总结了一句话："科学管理，为游人服务"是公园管理的根本。一座优秀的独特园林，其背后离不开目标规划和管理服务，搞好制度、优质服务，才能使园林事业更上一层楼。张老的讲述为我们留下了一名老园林人兢兢业业、无私奉献的形象。他用充满深情的话语说："今天我们播种的是绿色，明天收获的是金色。"从张老乐观的神态中，我们分明感受到他的那种笑看园林别有意境。这是对园林事业的美好祝愿和礼赞。

文 ／ 李理

（原《景观》杂志工作人员）

美丽北海背后的故事

——访原北海景山公园管理处主任马文贵

◎马文贵

北海公园位于北京市的中心，是我国迄今保留下来的历史最悠久、保护最完整的千年古代园林之一，其园林风格博采众长，既具北方皇家园林的宏阔气势，兼收江南私家园林的婉约多姿，并蓄帝王宫苑的富丽堂皇以及宗教寺院的庄严肃穆，气象万千而又浑然一体，是中国园林艺术中的瑰宝和最珍贵的人类文化遗产之一。

在北海公园近千年跌宕起伏发展演变的进程中，古代与近代的发展情况，史志皆有记载。而新中国建立以来，这座美丽园林所经历的风风雨雨，以及她所见证与目睹的许多不为人知的秘密便成为人们关注的焦点。

为了揭示这些鲜为人知的秘密，本刊记者日前对新中国成立以来北海公园的首批进驻者、管理者、公园发展的见证者之一，原北海景山公园管理处主任马文贵进行了专访。

或许是北海园林的灵秀气氲对人具有神奇的滋养作用，现年86岁的马主任看上去仍然精神矍铄，神采奕奕，她曾经在北海景山公园辛勤守望、默默耕耘了 30 多年。虽然已离开岗位 20 多年，但是，马主任对那 30 多年间这座古代皇家园林中发生的各种故事，仍然记忆犹新。尤其是一些细节，对于我们更是弥足珍贵。

作为事件亲历者之一，马主任告诉我们，1949 年初北平和平解放，人民政府立即接管全市的文物古迹。1949 年 2 月，北平市军事管制委员会派秦少平、修一辙、高全福等五个人接管原北海公园及其管理机构事务所。以秦少平为首的军代表小组进驻北海公园后，立刻着手解决公园对公众开放的问题。

民国末期留下来的北海公园，垃圾成堆、湖池淤塞、设施破损、管理瘫痪、满园狼藉。军管人员既要面对物质和资金的严重匮乏，又要面对园内各种人员的抵触和敌意。由于之前国民党军队驻扎公园，致使公园相当一段时间不能开放，公园职工已经很久发不出工资。马主任说，军管人员把解决群众的疾苦当作首要任务，如何解决留用职工薪水，让大家能够吃上饭成为了首要问题。为此，秦少平全力以赴到北平军管会去筹措资金。

1949 年初，新中国还没有成立，北平城百废待兴，军管会资金严重匮乏。几经周折，秦少平勉强从军管会借到一笔钱，第一次给职工发了工资，让大家能够吃上混合面。与此同时，秦少平白天组织职工清理河淤，修缮园林，搞生产自救，晚上组织大家学习共产党的方针政策，使原来一些疏远军管人员的职工慢慢向军管会靠拢。在军管人员和职工们的共同努力下，北海公园终于开始有了收入。为了应对物价飞涨，军管人员还在园中为职工办起了小合作社，提供价廉的粮食和生活用品，还为每个职工发放了夏衣和冬衣。通过这些努力，职工们的思想开始转变，从根本上改变了对共产党的认识。经过与旧中国两相比较，职工们感动地说："还是共产党好，共产党为我们解决了基本的生计问题。"

马主任还为我们讲述了一个有趣的细节：新中国成立前夕，由于北平人对共产党不了解，内心充满了恐惧，于是各色人等纷纷将自家的金银财宝、房契、地契甚至枪支悄悄沉入了北海公园的太液池中。北海员工在每年例行的挖湖清淤工作中，发现了这些宝贝，统统上交给了国家。

新中国成立初期，许多单位和机构由于没有办公场所而挤占了园林古建。北海公园内的阐福寺是清乾隆年间的佛殿，1952 年被辟为北京市少年之家，后改为北京市少年科技馆，拆改了一些原有的房屋和设施。为了保护皇家园林的完整性，马主任曾多次试图收回阐福寺，但被视为与少年儿童争地盘，来自方方面面的压力，使回收工作举步维艰。1968年，少年科技馆停止活动，阐福寺院内文物缺乏保护，杂草丛生。马主任看在眼里，痛在心上。于是，刚刚在"文革"中恢复工作的马主任又一次向北京市革委会打报告，并多方奔走，找有关部门协商，力争收回阐福寺，终于，在1970年阐福寺历尽坎坷后重新回到北海园林的怀抱。经过重新规划设计与改造，阐福寺辟为北海经济植物园，广铺绿色植被，栽培千种菊花，引进精美盆景，建立起北京市第一座热带植物大温室。这不仅丰富了北京广大市民的精神文化生活，普及了花卉植物栽培知识，同时还取得了良好的经济效益。北海一年一度的菊花展和盆景展，几乎成为当时北京市家喻户晓的盛事，各种媒体争相报道。

收复北海公园"失地"的征途漫长而曲折。阐福寺收回后，马主任又把眼光转向了静心斋。静心斋是北海的园中园，也称乾隆小花园。清代帝后嫔妃常至此游玩。袁世凯曾经把这里作为外交部宴请宾客的地方。解放后，北海静心斋先后划给北京图书馆、中央文史馆、国务院参事室使用。1949年，修一辙、秦少平等就向上级请示，建议将静心斋全部收回对外开放。由于种种原因，当时没有得到明确答复。于是，静心斋门外"游人止步，谢绝参观"的大牌一挂就是32年。1981年，中共中央书记处对首都建设方针提出四项指示，其中要求加强北京市园林建设以满足广大群众的要求。马主任抓住契机，向上级部门提出建议：中央文史馆、国务院参事室两部门不属坐班制单位，静心斋利用率极低，请有关部门将其迁址，收回静心斋向广大公众开放。为此，有人到北京市、国务院告状，甚至告到了当时的胡耀邦总书记那里！但是，面对压力，马主任多次跑到国务院机关事务管理局领导的家中，催促为占园单位寻找新的办公地点。在马主任锲而不舍的坚持下，静心斋终于回到北海母亲的怀抱。北海母亲的其他"子女"，如快雪堂、蚕坛等，马主任都进行过不屈不挠的"回归"努力，终于在1980年又收回了北京图书馆占用的澄观堂、快雪堂和浴兰轩。但是直至今日，北海公园还有部分庭院"花落旁家"，影响了这座古代园林的整体风貌和完整性。每当说到此处，马主任心中仍充满了难过与遗憾！

1956 年，我国政府大赦第一批战犯。清朝末代皇帝溥仪和溥杰兄弟先后获释。1957 年，当时的北京市委统战部决定，把溥杰安排在马主任管辖的景山公园接受劳动改造。在统战部的安排下，溥仪和溥杰兄弟俩获释后的第一次相见是在北海公园的仿膳饭庄。席间，早出狱一年的溥仪见到了久违的"御膳"，埋头大吃，而刚刚出狱的溥杰十分拘谨，不敢动筷子，手中拿着笔记本，将市委统战部领导的话逐一记录。自 1957 年，溥杰开始了他在景山公园的劳改生涯。按照统战部的要求，溥杰必须每周做一次思想汇报。从此，马主任在负责整个北海景山公园各种事务之外，又多了一项新的任务：监管、教育和照顾中国末代皇帝的弟弟。除了在思想上对他进行帮教，还要关照他的生活起居，教会他如何自食其力。不久，溥杰的太太也从日本来到中国与他团聚，于是，马主任照顾的对象又多了一个。为了安排好他们夫妻二人的生活，按照统战部的指示，马主任对溥杰的监管逐步宽松化、更加人性化，从而消除了溥杰家人对中国政府和人民的看法，彼此越来越融洽。又过了一段时间，有关部门采纳了马主任的建议，对已改造完成、重新做人的溥杰解除劳改，让他回归社会。很快，溥杰就被安排到了北京市政协供职。马主任说："从那时起，无论任何时候，溥杰只要遇到我，都会恭恭敬敬地说：'您是我的领导，您改造了我，教育了我，让我获得了新生。'"

回忆起周恩来总理对北海公园的关心和亲临北海的一些情况，马主任至今难以忘怀。1949 年，北海公园南门外的桥只有几米宽，桥东西两侧各有一座"金鳌""玉蝀"牌楼，人流、车流穿牌楼而过，经常发生交通拥堵和路人落湖的事故。后虽进行过扩建，但依然事故频发。1954 年，市城建部门提出再次扩建北海大桥，专家提出多套方案，分别为：拆城直路（即拆掉现在的团城，修一条直路）；保城扩桥；另建新桥。各方看法不一，争执不下，便呈送周总理定夺。周总理对有争议的问题一向慎重。1954 年的一个夏日清晨，总理在工作了一整夜后，顾不上休息，亲自登上团城实地考察。周总理看过摆放元世祖忽必烈盛酒的玉瓮后，又走进承光殿，看到店内玉佛的胳膊被八国联军损毁，总理义愤填膺。随后，周总理又看了团城上历经 800 多年风雨的古树。最后，周总理站在团城上眺望中南海，他很清楚团城对面就是中央办公厅的办公用房，但他自言自语道："看来还是让好。"周总理毅然做出决定：保留团城这座金、元、明、清的重要古迹，拆除中南海福华门，将中南海国务院红墙向南移。说到这里，马主任感叹，想想当年周总理拆中南海为文物瑰宝让路，看看今天北京城还有多少宝贵文物被一些单位挤占挪用，实在令人惋惜！1975年，周总理到北海公园阅古楼参观，当看到《三希堂法帖》拓本保管不够完好时，便打了借条借走。随后，他让秘书将拓本送到故宫，自己出钱对这五本拓本的缺页、破损、排序颠倒等问题一一进行了修正，并重新裱糊后，又送还了北海公园。之后又特别让邓颖超转告国家文物局局长，要他去看看北海阅古楼《三希堂法帖》的保护情况。还有一次，总理在北岸观看明代建筑天王殿院内的楠木殿等文物时，对马主任说，这些都是古人给我们留下的宝贵财产，一定要注意保护好，要注意防火。还指示说，天王殿要对游客开放。总理晚年患病期间，曾在与北海公园一墙之隔的305医院住院治疗。那段时间，总理时常到公园里散步。每次他的秘书总是带着一大兜子文件。总理经常在仿膳饭庄的过厅里抱病坚持工作。有时，病痛折磨得他难以忍受，他就接过服务员递来的毛巾，擦拭一下额头的汗水，继续埋头工作。或者实在支持不住，他就让秘书念给他听。无论在哪里，总理都是这样争分夺秒地忘我地为党和人民工作。1975年7月的一天，总理来公园散步，同志们看见总理消瘦的面容十分难过。但总理却不时地宽慰大家说："主席健在，小平同志出来了，这就好嘛……"总理最后一次到北海是1975年7月下旬的一天。那天他穿着一件病号服，坐在湖边看了一会儿荷花就走了。时隔不到半年，总理逝世，北海公园干部职工悲痛欲绝，他们在园内几棵大树上挂满了白花，表达自己对周总理的深切悼念。总理病逝前曾经嘱咐邓颖超，请邓颖超在他逝世后代表他到北海公园表示感谢。由于"四人帮"的控制，参加总理遗体告别仪式的名额极为有限，但邓颖超将30多个名额，专门分给北海公园干部职工，以满足大家对总理的悼念之情。马主任说到这里，已是声泪俱下……

　　1970年，"五一九工程"北京分指挥部决定将北海景山公园作为施工基地，1971年2月21日至1978年3月1日，两座公园停止对外开放。在这漫长的7年中，北海公园主要的任务就是接待中央首长来园休息。仅1975年一年，北海公园就接待中央首长370人次。主要有周恩来总理、叶剑英元帅、聂荣臻元帅，还有邓小平、万里等很多老同志，以及当时中央和国务院的领导人。有时，一些革命老前辈刚刚到园休息,"四人帮"或其爪牙们也不期而至。面对复杂的局面,马主任利用她高超的"打游击"本领,把不同的几批人分别安排在琼岛、北岸,甚至是景山,让他们各尽其兴。而她本人则必须像阿庆嫂一样,八面应酬,左右逢源。由于马主任巧妙缜密的安排,没有给北京市委和市园林局带来任何麻烦。从高墙外面看,北海景山静悄悄,然而在公园里面,却波澜起伏并不平静。

一次,刚刚回到北京即将恢复工作的邓小平夫妇,在万里同志的安排下到北海公园散步。马主任做了精心安排和接待。小平同志在游览北海的过程中,始终少言寡语⋯⋯

"文革"期间,江青也是北海景山公园的常客。1972年五月初,江青突然来到景山公园看牡丹。当她登上景山万春亭时,面对眼前的美景十分欣喜,兴奋地用照相机追着天空中飞舞的燕子拍照。在景山顶上看见了北海的美景后,她对马主任提出,改天要到北海看看。去了北海之后,江青发现这里的各种条件设备完善,就经常光顾北海,并提出在北海仿膳饭庄吃饭。一次由于她突然袭击,她所喜爱的宫廷冷点豌豆黄没有,她便非常不悦,非要让当时的北京市委书记吴德再请她吃一次。那段时间,江青到处游玩,每到一地,当地的官员也得出来陪同。一次,江青突然指着当时北京市公用局的一位陪同官员,大声嚷嚷:"这个人有问题!我走到哪儿他就跟到哪儿!"最后,警卫人员只好请这名官员离开才算了事。还有一次,一位陪同的军宣队代表在向她介绍颐和园情况时,无意中提到了周总理对颐和园的关心,江青听后大为不悦,当天晚上便通过各种手段,将那位军代表免了职。江青在北海游玩,看见湖中荷花盛开,突然提出要吃新鲜莲子,只得立刻找人下湖为她采摘。她在北海公园游玩时只要看上什么东西,包括公园里的植物标本,都会拿走。周总理患病期间体质虚弱,到北海公园散步,中途需在仿膳饭庄小憩。一次,总理办公室来电通知下午总理来园散步,马主任立刻着手准备。没过多久,又突然接到江青要来仿膳饭庄吃晚饭的通知。这一突发情况使马主任万分焦虑,经过紧急请示,最后总理为顾全大局,放弃了来园散步的计划,为江青让路。马主任还清楚记得,在抓捕"四人帮"的前几天,江青还带着毛主席身边的工作人员和医务人员共60多人来到北海,在这里召开学习毛主席著作的心得会,并且指定每个人都要发言。中午吃过仿膳后,江青又率领众人浩浩荡荡到景山公园的苹果园采摘苹果,随行的新华社摄影师还为她拍了不少照片，刊登在报纸上，以示她在毛主席逝世后的第一个国庆节是在群众中度过的。几天后，传来粉碎"四人帮"的消息，举国上下一片欢腾。

提到北海公园的修缮与复建，马主任介绍，新中国成立后的30多年，是北海公园古建维修和保护工作最为繁重的时期。党和政府多次斥巨资对北海予以修葺，疏浚了湖泊，维修了古建，铺设了甬道，增设了公共服务设施，使古老的北海焕然一新。1961年，北海被国务院公布为第一批全国重点文物保护单位。从马主任接管北海到离任的30多年间，北海公园所有古建，从土木工程到油漆彩画，大大小小各种维修多达60余次，仅琼华岛上的白塔，大小维修就有3次。"文革"期间，北海公园内的一些文物古迹遭到了不同程度的破坏，在"破四旧"的浪潮中，这座昔日的皇家园林被当作"封建迷信阵地"受到猛烈冲击。1966年，珍藏着《三希堂法帖》的阅古楼被改成"阶级斗争展览室"；园内所有古建上的匾额、楹联都被摘掉；长廊和古建上的人物花鸟彩画全部被涂封后改为葵花；园内的神佛塑像、琼岛上的铜仙承露盘等被拆毁、推倒，铜质仙人和其他所有铜质古物都被当作废铜卖掉。幸亏周总理亲自指示文物部门将这些文物从废品站收回，才得以保存。面对这场空前绝后的浩劫，马主任及北海员工痛心疾首。在北海公园惨遭破坏之际，公园职工甘冒风险，采取"瞒天过海"的手法，使一批文物古迹幸免于难。由于白塔当时被当作封建迷信的象征，随时都有被摧毁的危险，职工们便将白塔的眼光门用三合板死死地封住，并在上面涂上油漆，再写上"革命标语"，才使白塔得以死里逃生；燕京八景之一的"琼岛春阴"碑也被职工们用木板包上，上边写上毛主席语录；阅古楼中的三希堂法帖石碑上则贴满了毛主席接见红卫兵的宣传画。"文革"结束，不仅翻开了中国历史新的一页，也给北海公园带来了新生。然而，北海公园命运多舛，1976年，震惊中外的河北唐山大地震也波及了北京，北海公园在这次地震中也遭受了相当的影响：白塔宝顶上的火焰宝珠震落，相轮震裂，善因殿房檐塌落，墙身酥裂，园内古建局部坍塌达30余处。面对这突如其来的灾损，在马主任的领导下，有关部门又一次对北海公园进行了大规模的震后修缮。

随着时代的前进，新任的北海公园管理者们对这片园林又注入新的生机与活力。从 1993 年开始，有关部门对琼岛地区包括白塔在内的古建筑再次进行了全面的修缮与 油饰。1994 年还复建并还原了塔山西面于清代即已塌毁了的"静游纫香""芳绿舞藻"两座牌楼和智珠殿平台上的四座牌楼，以及"妙云峰"和"蓬壶挹胜"两座亭子，并按清代规制恢复了各殿堂内的陈设。如今，这座古老的皇家园林如同镶嵌在首都北京皇冠上的一颗翡翠，闪耀着富有诗意的碧绿色彩，焕发着无穷的魅力与生机。

听完马主任的叙述，信步来到琼华仙岛，只见夏日北海流光溢彩荷香阵阵，亭台楼阁朱檐画栋，叠石奇松绚丽多姿，碧湖白塔宛若仙境。徜徉在香远益清的太液荷塘边，遥望琼华岛上的苍松翠柏，远眺中南海的宁静湖面，近看八方游客幸福满足的笑容，回味北海公园 60 年风雨历程，不禁令人唏嘘感慨：在这幅如诗如画的美丽风景后面，掩映着多少鲜为人知的风云际会，刻绘着多少与国家同生共命的时代年轮，凝聚着多少公园管理者的杰出贡献与心血智慧！

文 ／ 陶鹰
（《景观》杂志高级编辑）

魂牵梦萦园林情
——访原北京市市政管理委员会副主任李逢敏

◎李逢敏

"我热爱这片土地，至今我依旧对她十分眷恋，有时做梦还会回到27年前，我在那里工作的情景……"

——李逢敏

这片土地就是北京中山公园。

2010年12月15日，天寒地冻，中山公园里，古柏森森。朝阳挟带着故宫的金碧辉煌，一起泼洒进中山公园，朱廊画栋熠熠生辉，演绎着一幅美轮美奂的皇家园林晨景图。迎着灿烂朝阳，顶着凛冽寒风，李逢敏主任神采奕奕，步履矫健地来到相约的兰室，接受本刊记者的专访。

把采访地点选择在中山公园，这里面有着太多太多的故事，太深太深的感情……

作为前北京市市政管理委员会副主任，李逢敏对中山公园有着难以割舍的深厚情怀。在北京公园系统31年的奋斗史中，他把26年的青春和生命奉献给了中山公园，把心血和汗水洒向了脚下的土地。尽管到今天他已离开中山公园将近30年了，但是，中山公园的一草一木、一砖一瓦仍然牵动着他的心，中山公园的每一个员工、每一处景观仍然紧系着他的情。

倾 40 年之力为北京市园林绿化事业做出过无数贡献的李逢敏，闭口不谈自己的工作业绩，他要借这次机会，把自己对中山公园一如既往的挚爱、对北京园林绿化事业矢志不渝的深情，再作一次倾诉，他要借这次机会把我们的视野再一次引向中山公园的未来，引向北京园林绿化事业美好的明天。

2014 年，中山公园将迎来建园 100 周年华诞。虽然距今还有 4 年之久，但是，与这个公园朝夕相处 26 年的李逢敏主任，已经对这个重要的日子翘首以待。为了使广大读者对这座非同凡响的公园有一个更加全面和准确的认识，对她百年华诞的重大意义有一个更加深刻的体会，李主任首先讲述了中山公园鲜为人知的发展历史，尤其是她所经历的三度辉煌——

中山公园的第一度辉煌是在民国初期

当时她由明清王朝的皇家禁苑——社稷坛——开辟为向公众开放的中央公园，这是中国近代史上第一个向民众开放的综合性公园。从此，这座中国封建社会中的皇家禁苑成为了京城历史上的第一个公园。在这个时期，有一个人叫朱启钤，他对中山公园的建设和发展起到了功不可没的作用。朱先生当时任中山公园董事长，他是中国近代园林史上一位举足轻重的大师，也是民国初期建设中山公园的倡导者和总设计师。在他的策划主持下，既保护了社稷坛内坛的文物古迹，又精心设计和拓展了外坛的景观，比如在外坛动土叠石，修建亭台楼榭，又从园外移进了一些有影响的建筑和名石，如习礼亭、乾隆御题兰亭碑亭、青云片石等等，使五大名亭、四大奇石落户中山，同时还修建并开张了来今雨轩茶饭馆等服务设施，并创造了堪称一绝的东坛门外小山和松柏交翠亭造景，而且还栽植牡丹、芍药、丁香等名贵花卉，把占地300 多亩的社稷坛打造成了一个精美的古典园林。公园里常常举办花展和书画展，比如绘画大师张大千、于非等人的作品就在公园里的水榭展出。随着公园名声大振，许多社会贤达名流也经常到此聚会，比如鲁迅先生就是常客之一。正是由于中央公园在当时显赫的地位和重大的影响，1925 年孙中山先生逝世后，他的灵柩就停放在中央公园的拜殿（今中山堂），公祭活动也在这里举行，为此，1928 年国民政府将中央公园更名为中山公园。从民国初中央公园开放到更名中山公园，是中山公园的第一个辉煌时期。日本侵占北平后，日伪政府为了磨灭中国人民的抗日救国民族精神，一度将中山公园又改回为中央公园，把中山堂改名为"新民堂"。从日伪时期一直到解放前，中山公园陷入衰落。

中山公园的第二度辉煌是中华人民共和国成立以后的一段时期

解放后，北京市政府大力投资对中山公园全面修葺，公园面貌焕然一新，成为深受广大民众特别是少年儿童喜爱的公园。每逢春游和秋游季节，中山公园可谓人山人海，一些学校甚至从门头沟组织学生来到这里参观游玩，当时年游客最高人次到了 800 万。不仅如此，这里也成为了党和国家领导人重大政治活动的场所，解放初期政治协商会议和人民代表会议也曾在中山堂里举行。而且，中山公园还是国家领导人各种外事活动的重要场所，毛主席就曾多次陪同外国元首参观和游园。每逢"五一"、国庆等重大节日，中山公园也是游园活动的主场地。再从园艺方面来看，最著名的莫过于兰花与朱总司令的一段情缘与佳话。1959 年，中山公园引进了中国的名贵兰花，为此专门开辟了兰室，并请朱总司令为兰室题写了匾额，此后年年举办兰花展览，吸引了广大游人前来参观，有些游客甚至从天津专程赶来。这里的兰花也成为了国际交往的友好使者，朱委员长曾陪同日本友人来到兰室赏兰且互赠兰花。直至今日，兰花仍然是中山公园"一园一品"的文化品牌。这一时期是中山公园的第二个辉煌时期。

中山公园的第三度辉煌是改革开放至今

当改革开放的春风吹进中山公园以后，公园建设进入了第三次高潮。这一时期中山公园把封闭了几十年的后勤、养花生产用地上的物品，向园外进行了大搬迁，把菊花地、菜园子、五间房等处养花生产用房和设施拆除，在其原址上相继建成了长青园、愉园、蕙芳园等对游客开放，还把西坛门外的空地建成了杏花村作为中华老字号来今雨轩的新址。同时，园林植物也得到了丰富和提高，增植了梅花、杏树、楸树、碧桃、丁香等，形成了梅林、桃源和竹丛，使中山公园越发显得古朴清秀，中山公园在北京公园中的地位更加突出，并于 2002 年跻身于北京市精品公园的行列。中山公园就是在这样跌宕起伏的辉煌历程中，踏着中国历史的脉搏一步步走来，即将走过她的百年华诞。

展望将要到来的中山公园百年纪念，李逢敏万分激动，他说："能赶上中山公园 100 周年庆典是园林人的荣幸，也是中山人的骄傲！借此华诞，不仅要把中山公园推上一个鼎盛的高峰，而且要为下一个百年辉煌开好局！"他提出，一定要抓住百年园庆这个宝贵的契机，进一步提升中山公园的品位和地位，将中山公园打造成首都园林的窗口和名片，充分显示公园在建设世界城市中的地位与不可或缺的作用。为此，李逢敏主任认为，纪念中山公园百年华诞不宜追求形式的隆重，更不要把钱花在庆典的仪式上，而要抓紧时间在接下来的 3 年里办好 3 件事——

第一件事：中华民族历来重视社稷江山，重视农耕精神，因此要充分发挥社稷坛的象征性作用。要在保护利用的前提下，把一个最完好的社稷坛全面对游人开放。最好把五色土、中山堂、戟门、神库、神厨、宰牲亭等古建筑群这些全国重点文物保护单位，经过全面修缮后向游人开放，最大限度地消灭"游人止步"。

第二件事：孙中山先生是中国民主革命的先行者，被尊为中国人民的"国父"。尽管国内外"中山公园"不下几十个，但是北京这个最具有特殊纪念意义。因此，中山公园应当做好纪念孙中山先生这篇大文章，一定要把中山堂开放，常年举办纪念孙中山先生的展览等活动，充分利用每年的 3 月 12 日和 11 月 12 日，开展孙中山先生诞辰和逝世周年纪念活动，并为中央和北京市举行的纪念孙中山先生的活动服好务，努力挖掘中山公园的历史文化底蕴。

第三件事：要以精益求精的精神在内涵和外延上积极拓展中山公园的景区。例如愉园景区、长青园景区都需要进一步完善，东坛门外的香雪海景区建设，梅园的扩建等等，要把它们做好。内坛的植物要求精、求美，以松竹梅兰四君子为主题，松不求多，但要下功夫培育异形名松。另外，中山公园历来以有名花著称，在建园早期就有了唐花坞。在她百年华诞时，一定要百花齐放，让整个公园名花荟萃，万紫千红，成为名副其实的"花卉大观园"。

为了迎接即将到来的 3 年后那个激动人心的日子，李逢敏主任还即兴赋诗一首：

> 三段辉煌延百年，亦坛亦堂亦名园。
> 千载古柯鉴沧桑，万株奇葩献斑斓。
> 溪廊亭榭绘胜景，梅兰竹菊绣天然。
> 世纪华诞共庆日，故园鼎盛万民欢。

字里行间，诗人对中山公园的一腔挚爱跃然纸上，每一个字词无不让人动容……

好不容易，李逢敏主任才从对中山公园百年华诞的憧憬中走出来，谈起来了他的"三园"情结——

按照顺序，李主任曾先后在北海、景山、中山这三个公园总共工作过 31 年，其中有 26 年在中山公园，其余 17 年在北京市市政管理委员会工作，依然分管园林绿化事业。48 年的园林生涯令他感慨万千："若问我对园林的感受是什么？倒不如说我对园林的感情有多深！"从北海到景山，从景山到中山，再从中山到市政管委会，每调离一个地方，他都会对那个地方魂牵梦萦，恋恋不舍，往往下班后会情不自禁地回到以前工作过的地方，流连忘返。尤其是对献出 26 年青春的中山公园，更是几近痴迷，用他的话说："这里是我的第二故乡，我是下了决心，让死后的灵魂也不离开中山公园！"因为他感到这片热土既是养育树木花草的地方，更是养育人的摇篮，公园既是他辛勤耕耘的地方，更是他收获硕果的沃土。园林所蕴含的文化、艺术、园艺、建筑之美，孕育出一代代园林人美丽的心灵和高尚的情操。因此，对"三园"的挚爱成为了李逢敏永远的情结。

从对"三园"的眷恋，李主任又谈到了他的"三师"——

"所谓'三师'，即园为吾师、人为吾师、树木花草皆为吾师焉！"李逢敏认为，以园为师可以净心灵，除邪念；以人为师可以知己之短，而学他人所长，以草木为师可以图报家国，长精神，增责任。园之所以为师，因为园有取之不尽的营养，只要能深悟她，便会受益匪浅。特别是中国的园林崇尚自然，大自然给予人们的启迪是永无穷尽的。人之所以为吾师，孔子曰"三人行必有我师。"

一个人如果能把他人摆在老师的位置上，总能看到他人的优点和长处，虚心学习他人的优点，就能帮助自己不断地进步，也能实现人与人之间的和谐共处。李逢敏说在从事园林事业的几十年中，无论是领导还是同事，给予他帮助的人实在难以计数，其中最让他难以忘怀的有三位：一位是北海公园的前主任马文贵，一位是中山公园的教授级高级工程师虞佩珍，还有一位是德高望重的老领导陈向远。李逢敏一再表示，在他的履职生涯中，这三位老前辈对他的影响极大。一位是他的启蒙老师；一位是他的业务老师；一位是他做事做人可学而不可及的楷模。他（她）们的优秀品质值得他终生学习。而树木花草之所以为师，是由于李逢敏认为树木花草皆有性情，梅兰竹菊，君子风范，松柏银杏，坚韧不拔，无名小草，默默奉献，这些高尚品德也让他孜孜以求。总之，李逢敏主任认为，园林事业是净化人的心灵，陶冶人的情操，磨砺人的意志，培育人的品德的最好的学校。

最后，李逢敏主任谈到了他的三点希望——

第一，他希望尽快建成一批高质量、高水平的世界名园。因为中国园林在世界园林中独树一帜，对许多国家产生了深刻的影响。而中国北京的皇家园林最具代表性，数量也最多。因此要通过强化硬件设施，提高软件水平来精心打造，使她们屹立于世界名园之林。

第二，他希望有关部门下大力气提高园林绿地的养护管理水平。因为园林绿地需要"三分种，七分养"，而至今仍有一些小绿地在养护管理上未能达标。他呼吁在养护管理经费上要加大投入，健全检查考核制度，制定奖罚措施，确保园林绿化成果的巩固和提高。

第三，他希望城区在每年制定园林绿化计划时，要从小处着眼，充分利用边角地带，消灭绿化空白点，积少成多，集腋成裘，最大限度提高绿化量，尽量减少脏乱死角。另外，城区还应该多搞立体绿化，屋顶绿化，努力提高绿视率，改善城区生态环境。

"总而言之，在'十二五'期间，北京市的园林绿化一定要再上一个台阶，让园林绿化事业为实现'人文北京、科技北京、绿色北京'，为建设世界城市做出新的、更大的贡献！"

两个小时飞掠而过。李逢敏巧妙地用了五个"三"，架构起了访谈的路径，带领本刊记者跟随他的脚步走进了中山公园历史的深处，又走向了北京园林事业美好的未来。

人间有许多种感动，其中有一种来自精神。正是这种园林人的精神，支撑着年逾古稀的李老冒着零下十几度的严寒，怀揣对中山公园矢志不渝的挚爱，来到他曾工作奋斗过的地方接受本刊的采访，让火一样的园林人精神，深深感动并温暖着在场的每一个人；人身有许多特质，其中有一种叫痴迷，它对执著于事业，弥足珍贵。

文 ／ 陶鹰

（《景观》杂志高级编辑）

一封写给总理的信

——访北海公园老工程师袁世文

◎袁世文

　　2009 年 6 月的一天，一封人民来信在温家宝总理的面前展开。信封上写着"请国务院办公厅转温总理收"，信的内容大意如下：

　　尊敬的温总理您好！您在百忙之中、日理万机之下，去年奔波于地震灾区，今年又到地坛医院看望甲流病人，您是心系百姓的好总理。

　　我今年 80 多岁了，是北海公园的退休职工，现在仍在继续参加园史编纂工作，一直关注北海的保护和发展。但是北海公园部分古建至今仍被仿膳、北海幼儿园等几个单位占用着。多年来虽经上级有关领导多次研究过问，都没有搬走，这件事想起来就让我心痛。

　　请总理在百忙之中拨冗关心一下外单位占用北海公园古建的腾退事情，还给人民一个完整的北海。把这些园林古建腾退修复之后，一来可以扩大游览面积，增加客流量，让更多的中外游客领略中国的优秀园林文化，二来对北海申报世界文化遗产大有好处。

这封信引起了温家宝总理的高度关注，并在这封信上作了批示。7月上旬，国家文物局局长带领相关司局领导以及北京市文物局副局长，来到北海公园进行考察调研，并且向国务院提交了考察报告，国务院在这份考察报告上再次作了批示。7月中旬，北京电视新闻和《北京日报》先后报道，北京市将对文物进行全面修复，拟将各占园单位搬出公园，其中包括北海的蚕坛等。为什么一封人民来信会引起党和国家领导人如此关注？为什么关于北海古建的腾退问题会引起一系列连锁反应？写信的是一位什么样的人物？

新中国成立以后，伴随着北京公园从满目疮痍一步步重现昔日风采，有一个人的名字与北海公园的新生紧紧地联系在一起，他就是袁世文。从1952年初到1988年底，整整34年，袁世文与北海公园朝夕相守，休戚与共，从一个普通的建筑工人到古建维修专家型工程师，他用自己过人的智慧、艰苦的探索、缜密的心思和灵巧的双手，为北海公园的古建维修和保护做出了突出的贡献。从1988年光荣退休到现在，离开岗位已经22年的袁世文仍然心系北海，对北海公园的一草一木、一砖一瓦仍然饱含深情。

当本刊记者来到袁世文紧邻北海公园的住所，只见八十有二的袁世文红光满面，思维清晰。北海仙山琼岛对人的滋养，在袁老身上再次得到印证，冬日的阳光洒在他雪白的头发上，在两鬓发际处，一圈淡淡的黑色新发正在悄然滋生。

回首往昔，耄耋之年的袁老对北海公园仍然如同熟悉自己的家一样熟悉它的一亭一院、一廊一轩，乃至一梁一柱、一瓦一砖、一草一木。从小自学成才的袁世文凭借聪颖的天资和过人的勤奋，在古建维修和保护的专业道路上一路探索实践，总结摸索出了一整套独到的经验和技术，这些宝贵的经验和技术在我国园林古建的维修、保护、复建工作中发挥了重要的作用，也形成了我国古建修复领域中弥足珍贵的非物质文化遗产。袁世文以其高超的技艺和公认的业绩，完美地演绎了"梅花香自苦寒来，宝剑锋自磨砺出"的真实内涵。

但是，功成名就的袁世文并没有因此而满足，让袁老一直难以释怀的，是北海公园的完整性问题。由于历史的原因，北京古典皇家园林被外单位占用问题，一直延续至今，不仅影响了对这些园林古建进行保护与合理利用，也破坏了这些珍贵文化遗产的完整性，从而阻碍了它们进入世界文化遗产的保护行列。

袁老回忆说，解放以来，北海公园一直存在被外单位占用的问题，最多的时候达到了 15 个单位。后来在周恩来总理、万里副总理的关心和推动下，先后有 11 家单位腾退了占用的古建，但直到今天，还有 4 处被占用。为了收回这些被占园林古建，恢复北海公园的完整性，北海公园和有关部门以及市政协委员曾多次呼吁，要求占园单位尽快腾退所占园林，还北海以完整。但是，这些努力都没有收到应有的效果。对此，袁老看在眼里，急在心里。他认识到，要从根本上解决这个问题，必须自上而下，由党和国家领导人出面，才能使这一困扰北海公园几十年的老大难问题，真正得到解决。但是，怎样才能使高层领导关注到这个问题，又困扰着情系北海的袁老。

2009 年 5 月的一天，北京市公园管理中心召开了一次扩大会议，起草了新的北京市文物保护规划，并在北海公园内对新的文物保护规划细则进行了公示，以征求广大市民的意见。有媒体对此事迅速做出反应，5 月 20 日《北京晚报》以"北海希望尽快腾退园内 4 单位"为题，对这次活动进行了报道。袁老看了公示后非常激动，尤其是当他看到了 5 月 20 日的报道后，一个想法逐渐在袁老的心中坚定：作为北海的一个老员工，作为北京的一个园林人，有责任和义务为了北海的保护和北海的未来，向国家的高层领导人呼吁，尽快解决占园单位的腾退问题，让北海公园早日回归完整，使北海早日进入世界文化遗产保护名录。于是，就有了本文开头的一幕。

为了尽快恢复北海的完整性而提笔给总理写信，对于袁世文来说，绝不是一个偶然。自从 1952 年进入北海公园从事古建保护与维修工作以来，袁世文就把自己的命运与北海公园的命运紧紧地联系在了一起。面对国宝级的北海园林古建，他"在干中学，在学中干"，边学边干，边干边学。从一开始的小修小补，小打小闹，到后来进行大型的修缮，先后参与和主持过白塔、极乐世界、五龙亭、漪澜堂、稻香斋、长廊等的修缮工作，从瓦工到木工、从架子工到灰土工、从油漆工到绘图工，他样样上手，事事在行，在长期的园林古建修缮与保护实践中，袁世文将各种古建维修知识与技能运用得出神入化、得心应手，他的勤奋与聪慧，创造了北海公园古建修复工作中的一个个杰作。基于他的重要贡献，这个没有任何院校文凭的建筑工人，以自己令人折服的技能和有目共睹的成果，获得了北京市园林颁发给他的最具含金量的"文凭"——助理技术员、技术员、助理工程师、工程师。从普通工人到工程师，跨越人生这四大台阶，袁世文用了二十几年！

30 多年的朝夕相处、苦心经营，袁老对北海怀有一种家一样的深情。北海古建维修的每一次施工，无论多么浩大抑或多么细微，都在他的心中。即使如今已退休 20 多年，袁老对北海古建的保护和修缮工作仍然牵肠挂肚。念念不忘对古建要经常检查木构的情况，首先要看柱子，因为通风透气好，前檐柱子只需检查柱根，后檐柱子由于埋在砖墙之中，容易潮湿受损，就要从上到下全面检查；其次要检查椽子望板，要注意有无糟朽；在检查屋面时，应看有无松动，有无破损掉瓦；而在平日里古建的修缮中，一定要注意修旧如旧。袁老的谆谆叮咛，使人深刻地感受到一位北海老工人对我国园林古建所怀有的令人动容的深情。正是基于这样一种爱园如家的精神，在他 36 年的古建维修施工生涯中，从未出现过任何质量问题和安全事故。对于如此优异的业绩，袁老质朴地表示："古建维修就像中医一样，中医诊病时是采用的是'望、闻、问、切'，而对古建做出诊断采用的是'看、敲、钻、掏'。这里面没有什么诀窍，就是经验，在实践中不断摸索、积累形成的一整套经验。"

谈到今天的古建修复工作应该注意哪些问题，袁老认为：古建筑的木结构和屋面最重要，那是骨架和脸面，无论是柱梁、房顶的材料，还是油漆画工，在古建维修中都必须用真材实料，认真制造，施工单位务必严格按照程序完成每道工序，保证每道工序所需的时间。

要问袁老在工作生涯中为北海做出过哪些突出贡献，袁老谦虚地说只为北海办过几件好事：一件是北海公园的排污工程。过去园内所有排污口流出的污水都排进了白塔前的太液湖，影响了湖水的质量。为了改变这一现状，在袁世文的提议下，1986 年北海公园对全园下水道进行了改造，将污水由改造后的排污系统统一引入了市政下水道管网，还给太液湖以潋滟清波；另一件是对阅古楼里 250 方石刻，进行了保护性的移动，变过去易遭风化的竖式置放方式，为现在平铺陈设在展览室里，一来方便了人们观赏，二来对石刻也起到了很好的保护作用；还有一件是北海公园的煤改气工程。为了减少燃煤所带来的空气污染，1986年在袁世文的提议下，北海公园全面进行了燃煤改天然气的工程。但是，这个工程竣工之后，袁老又为它可能带来的隐患而忧心忡忡，至今耿耿于怀。他说煤改气对减少污染固然很好，但是又带来了新的隐患，一旦发生煤气泄露，对于这座珍贵的皇家园林，后果将是不堪设想的。因此，为了保护好这片美丽的皇家园林，最安全的措施还是应在北海公园内杜绝明火。

这就是袁世文。一个既普通但又不平凡的老北京人，一个情系北海、爱园如家的老园林工人，他对北海倾注了自己毕生的精力和心血，也倾注了自己全部的热爱和深情！对于这样一位矢志于我国园林事业的老人，为了园林的未来、北海的完整，毅然向心系百姓、关注民生的温总理写信呼吁，实在不足为奇！

北海公园对袁老此举也给予了高度评价，因为这封信不仅表达了北京园林人的心声，而且也表达了广大北京市民的心声。这封信对于恢复历史名园的完整性、对于公园文物古建的腾退和保护，都将起到促进和推动作用，具有非常积极的现实意义和历史意义。公园领导者认为，作为历史名园的管理者和服务者，首先是守土有责。在北海被占用的园林建筑中，还有许多不为世人所知的稀世瑰宝，在被长期占用中其使用价值、文物价值、观赏价值和文化价值都被湮没了。作为我国古代皇家园林中的稀世极品，北海公园里一砖一瓦都是珍贵的文物，任何占用和改造都是对历史信息和文化信息的破坏。

更重要的是，随着首都北京现代化步伐的不断提速，国际化程度的不断提高，北京市委、市政府提出了在不远的将来把北京打造成"世界城市"的宏伟目标。然而，这片土地从古至今就有"先北海，后北京"之说，北海相当于北京历史的载体和首都的名片，残缺的北海如同一张残缺的名片，不仅影响了北京历史的完整性，而且一张残缺的城市名片，又怎能与纽约、伦敦、东京这样的世界城市相提并论、比肩而立？用袁世文的话来说："尽快腾退北海被占古建，让北海恢复原貌，不仅能够吸纳更多的游人，更重要的是美丽北海申报世界文化遗产就有希望了。残缺的北海无论怎样努力，也是没有希望的。"如果每一位中国公民都具有袁老一样的认识，那么，我国历史名园保护的未来，将是光明的。

新中国成立 60 年来，一如袁世文一样的一代又一代园林人，用自己日复一日的辛勤劳动，把心血和智慧镌刻进了园林古建的肌肤骨骼里，使珍贵的古建从历史的废墟中一步步站立起来，以昔日的雄姿重新屹立在今天的北京，他们用自己的双手，把园林人的名字镌刻进了新中国古典名园的保护与发展的历史中。

如今，耄耋之年的袁世文仍然情注北京园林事业，并将关注的目光投向了美丽园林的未来。

袁老希望："在有生之年能看到北海所有被占古建都能收回。"

让我们共同期待。

文 ／陶鹰

（《景观》杂志高级编辑）

收四时之烂漫　纳千顷之汪洋

——访原北京市园林局副总工程师、
北京市园林古建设计研究院院长刘少宗

◎刘少宗

"凡结林园，无分村郭，地偏为胜，开林择剪蓬蒿；景到随机，在涧共修兰芷。径缘三益，业拟千秋，围墙隐约于萝间，架屋蜿蜒于木末。山楼凭远，纵目皆然；竹坞寻幽，醉心既是。轩楹高爽，窗户虚邻；纳千顷之汪洋，收四时之烂漫。"

计成——《园冶卷·园说》

2013年，位于京西北的紫竹院公园迎来了自己建园60周年华诞，可谓甲子逢盛世，紫竹承福荫。当人们漫步于今日紫竹院公园，时光恍若倒流300多年，计成笔下的园林梦境，仿佛就在人们眼前。

住在长河边上的老人们都粗略地知道她的前世今生。然而，她是怎样从一座古代名刹下院一步步走向今天人们所看到的"一湾消夏，百亩藏春，凉亭浮白，竹树风生，夜雨芭蕉，晓风杨柳，移竹当窗，瑟瑟风声，半轮秋水"的紫竹院公园，尤其是新中国成立后她进行了哪些规划和"整容"，使之旧貌换新颜，实现了美丽的蝶变？值此紫竹院建园60周年之际，本刊请出了原北京市园林局副总工程师、解放后紫竹院公园规划设计第一人——刘少宗，来为读者讲述那段鲜为人知的往事……

记者： 刘工，您是什么时候开始对紫竹院公园进行规划设计的？当时紫竹院一带是怎样一幅情景？

刘少宗： 我1953年来到北京市园林局工作，承担了紫竹院公园的规划设计工作，同时还承担着陶然亭、东单等公园的规划设计任务。搞紫竹院公园规划设计时，挖湖堆山的工作已经基本完成了。当时的紫竹院，地上清冽的泉水不时往外冒，双林寺的一座古塔还屹立在园中。然而，除了一个大湖，一座土山和破败的福荫紫竹院遗址外，整个园子里没有什么植被，山上光秃秃，地也光秃秃，长河两岸也是光秃秃的，到处一派荒芜。园子四周也十分荒凉，远远近近都是农田，稀稀落落的几户农家点缀其中。后来，附近陆续开办了皮鞋厂和一些单位占用后，大环境就更加杂乱了。

记者： 面对这样一种环境和条件，您当时的规划设计思路是什么？

刘少宗： 当时北京市政府要求在紫竹院原有的基础上，因地制宜，搞一个郊野公园。遵循这一要求，根据紫竹院公园当时的情况和现有条件，于是我们提出的规划设计思路是："收四时之烂漫，纳千顷之汪洋"。在充分利用园中湖山资源的基础上，走中国自然山水园设计之路，而不走欧美或苏联风格的园林设计之路，着力表现中国的自然山水特质，形成"看水景，赏花木，游曲径，观叠石，坐游廊"的紫竹院特色。

记者： 为什么您要选择中国山水园林设计思路？

刘少宗： 从历史来看，紫竹院自古以来是京西名刹万寿寺的下院，建于明万历年间，在清代是帝王的行宫，于光绪十一年重修。其湖面是古高梁河的发源地，也是长河水系的组成部分。解放前由于多年荒废，湖面淤积，荒草遍野。鉴于这样一种原始条件，从其所处的位置、地形及野趣盎然的特点来看，以自然的水景、葱郁的林木、简朴轻巧的园林建筑、民居式建筑风格这一原则建设，能够最大限度地体现出紫竹院所具有的自然天成的山水园林特质。

记者：在紫竹院公园中哪些景观融入并体现了中国山水园林的元素？

刘少宗：作为中国新园林，在规划设计中必须注意使风景布局的形式有别于皇家园林，紫竹院不是一个以建筑群为主体的皇家园林或苏州的私家园林格局。要以自然景色为主体，疏林密草，不同区域形成不同的山、水、植物和建筑特色。

比如东门大草坪，我们采取林木环绕、草地上散布疏落树丛的布局，注意以植物的群落美和个体美来吸引游人，创造出一个与闹市、街道、城市建筑在氛围上、线条上、色彩上截然不同的恬静、闲雅的境界，使游人一进门就感受到自然美的力量，来实现调节心情、愉悦精神、消除疲劳的作用。如今这些树已长成参天大树，而草地依然绿茵如毯。

又如公园南部，我们把这个区域设计成由山丘和林木组成的山林野趣景观。从东门经疏林与灌丛，沿着大草坪南侧西行，随着地形和地势的不断变化，我们根据不同的季节和物候，将植物种类相互搭配，营造出绿荫满地、花木错落的景观。由于植物群落不同，又在空间开合上形成变化，从而营造出一种变幻的美。游人若沿小径游览，空间变幻，曲径通幽，绕过小山，视野豁然开阔，粼粼湖水和点点游船蓦然呈现，景观由"静"与"幽"随之转为"动"与"旷"，令人精神为之一振。

另外，考虑到湖心区是游人比较集中的活动区域，我们以两岛把水面分成三湖，让西部湖面宽阔，可以开展游船活动，东部两湖湖面较小，满植荷花，从而使这两部分形成虚实和大小对比。同时，在设计时注意让两个小岛形状各异，中山岛周围环水，建三座拱桥与外界相通，岛中央的土山高达8米，山顶上建揽翠亭，登上揽翠亭可俯瞰全园风景。而明月岛是一个半岛，岸边筑有二层水榭，高低错落，伸入水中，形成平湖仙阁的景观。

除此之外，在植物配置方面，考虑到公园东北部地势平坦，在规划设计中我们侧重于植物四季色彩变化的效果，在视觉上给人带来新意。而大湖西岸土地面积较小，我们将这里设计成沿着围墙堆山植树，将围墙巧妙地隐蔽起来。这样一来，收到了尽管这里已经是公园的尽头，但从远处望去仍然有不尽之感的效果。

总之，紫竹院公园的规划设计是一个不断创新和完善的过程，在这个过程中，凝结了许许多多设计、施工和管理人员的心血。从 20 世纪 50 年代到我 1997 年退休，这个过程一直没有间断过。从最初的将近 12 公项面积，到后来的将近 46 公项面积，规划设计一直在悄然进行。除了以上介绍的几个重要景观，后来又新增了筠石园、友贤山馆、云香楼等富有中国民居山水风格的景点，再加上引种各种树木灌丛，打造出了高高低低、空间错落、道路透迤的自然山水园林。比如筠石园，通过竹深荷静景区把游人引入了一个乱石壁立，竹林夹道，道路蜿蜒、绿荫蔽日的神秘自然境界，营造出了一派曲径通幽处、禅房花木深的意境。

记者：您认为在紫竹院公园的规划设计中有哪些创新和特色？

刘少宗：首先是在地形的改造上创造了变化的空间。由于当初紫竹院的地势较平坦，为了使之更富有大自然的面貌，我们充分利用地形变化来划分空间，对南部和中部地形进行了改造，利用挖湖堆山在南部堆砌成连绵起伏的丘陵，使主峰虎头山与中山岛上的山峰隔湖相望，打破了湖面和平地的单调，让景观面貌发生变化。

其次是在植物的利用上创造了自然的景观。由于植物种类、形态、习性、色调千变万化，其造景潜力无穷，于是我们在种植设计中充分发挥这个特点，根据各种树木的生态习性，结合地形互相搭配，以树林、树丛、孤立木、草地、花坛等组合形成协调而优美的自然景观。比如东部草坪周围，春季有成丛的西府海棠和垂柳交织辉映，夏季有合欢和紫薇争奇斗艳，秋季有银杏和枫叶黄红相间，隆冬有白皮松绿意盎然。尤其是成丛的桧柏挺拔高耸，孤立的雪松雄伟苍翠，茂盛的金银木红果累累如朝霞落上枝头。而虎头山南一带，暮春三月杂花生树，湖岸垂柳依依动人，充分表达了自然界赋予人间的线条美和色彩美。

第三是在建筑与山水地形植物的搭配上实现了互相协调有机结合。由于紫竹院公园的主要建筑是在1972年以后陆续建成的，因此，在建筑的规划设计中既要充分考虑到既有的景观，注意使建筑与周围的环境统一协调，又要在新的规划设计上有所突破和创新。例如明月岛上的水榭三面临水，前方水域广阔，于是我们在建筑设计时吸取了民居风格加以创新，使造型轻巧朴素，形成亭厅周边布置，以廊桥相连，在大水面中又创造出一个小水面，在小水面中央堆土叠石，别有情趣。又如筠石园，南入口以自然山石为标志，以竹林小径为引领，在竹林环抱中有假山、瀑布、水池以及圆形竹亭，使整个筠石园被竹、石、水面和轻巧的建筑穿插于起伏的地形之中。筠石园中密植几十万竿竹子，这在北方园林中极为罕见，游人置身其中会产生一种身在南国竹乡的美妙感觉。而深藏在筠石园中的"友贤山馆"，则由数个厅轩及游廊和围墙等组成院落式建筑群。这个小园林极具苏州古典宅院那种以建筑围合园林空间的特点和形式，同时又与外部环境密切联系，是筠石园中的园中之园，而筠石园又形成整个紫竹院公园中的园中之园。筠石园的规划设计因为特色独特，于1991年荣获建设部城建系统优秀设计二等奖、北京市城建系统优秀设计一等奖。

记者：几十年园林规划设计生涯，您有哪些经验可供后人分享？

刘少宗：首先，在公园的平面结构形式方面，要让游人从笔直的大街上走进公园后第一感觉就是视觉上的享受，就要尽量使园景错落变化，形成曲折回环的天然之美。公园的空间是有限的，我们必须在有限的空间里创造出无穷的意境，营造出"山穷水尽疑无路，柳暗花明又一村"的空间感来。同时，要最大限度地利用原有地形和树木，形成地势起伏、林木交错、园路幽邃、欲合又开的含蓄深远的境界。

其次，在公园结构的艺术性和完整性方面，要注意使全园贯通，一气呵成，突出艺术布局上的完整性。在照顾全局性的同时，不能忽略了中心和重点，也就是主景处理一定要充分突出，比如北海的琼岛和颐和园的万寿山。

再次，在平面规划的同时不要忽视了竖向规划，充分利用地势起伏，峰峦叠翠，形成自然山水之美。在竖向横向双向兼顾的前提下，再细化空间，准确划定景区的分界线，然后将规划的主题思想融入其中，通过一系列造园手法，实现设计效果。要强调的是，在规划设计中一定要有全局意识，建筑的形制与比例，这个景观与另一个景观的衔接，一定要与周围环境彼此协调，不能顾此失彼。

记者：今年是紫竹院公园建园 60 周年的大喜之年，值此重要时刻，您对紫竹院公园有什么建言？

刘少宗：紫竹院公园 60 年走过来，能发展到今天这样一个水平，保有这样的山水竹林，很不容易。这得感谢几代紫竹人坚持不懈的努力。同时，也应该从过去发展中走过的弯路和失误中汲取教训。比如在 20 世纪 60 年代初，公园大湖变成了养鱼塘，为了提高鱼的产量，往湖里倒人粪尿，严重污染了水体。现在回头看，就是当时没有把握好公园的定位和性质。又如在"文革"初期，公园变成了农林部门所属场地，园中种稻、养鸭，紫竹院公园几乎蜕变成农场。再如在大型游园活动中，由于游人密集，对公园里的草坪和植物以及其他设施都带来了不同程度的毁损，这个问题要引起高度重视。

另外，要更加注意树木的科学修剪以实现景观的效应。比如今天站在揽翠亭上，由于树木的高度超过了游人的视线范围，揽翠亭已经失去了她俯瞰紫竹院全景的功能，因此树木应保持适当的高度。还有，公园南部的双紫渠过去一直是作为周边地区的农事灌溉和排污渠道，并且通过它直接将污水排入长河，而长河又直接通往中南海。鉴于此，我建议立刻采取行动，杜绝双紫渠流经紫竹院再注入长河，从而消除这个污染源污染长河。

最后，我还想对紫竹院公园免费开放后提出一些建议。公园免费代表了社会的文明进步和城市公园服务于民的一种理念，这是一件好事。但是，从紫竹院公园的情况来看，免费前年均客流量是 150 万左右，而免费后已经到达了 810 万，年均 700 多万，并且还在不断升高。对此，公园需要提供相应的场所来满足不断增长的游人数量，其结果就是绿地面积的不断减少并且硬化，久而久之，公园将逐渐蜕变为群众活动广场。怎样在努力保有珍贵绿地的前提下，解决有限的公园空间和无限的客流量之间的矛盾，应该引起有关方面的重视并且纳入课题研究。北京的绿地资源十分有限且弥足珍贵，免费开放公园后，要从更有利于公园的可持续发展角度来审视这个问题。

后记：经过一甲子春花秋月的拂照洗礼，经过紫竹人60年坚韧不拔的努力，今天的紫竹院已然呈现出"梧阴匝地，槐荫当庭；插柳沿堤，栽梅绕屋；结茅竹里，浚一派之长源；障锦山屏，列千寻之耸翠，虽由人作，宛自天开"的中国山水园林的深远意境。

如今，这片充满诗情画意的园林正展开博大的胸怀，免费为广大百姓开放，将中国山水式园林的天然清幽、精致浪漫无私地奉献给每一位走进她的怀抱里的人。当人们徜徉在这窈窈竹语，溶溶月色，紫气青霞，晨光暮霭的紫竹院公园里时，切莫忘记了那些与刘少宗总工一样为我国美丽园林的规划设计付出毕生心血的园林人，切莫忘记了他（她）们把自己的青春和生命倾注进了每座园林的一山一水、一亭一榭、一花一木、一红一绿，切莫忘记了我们在公园中每踏出的一步，都是站在园林规划设计者用智慧和汗水描绘出来的美丽蓝图上。正是他们用智慧和巧手，带领我们穿越时空，在21世纪的今天，重新走进我国古代园林设计一代宗师计成梦中的理想林园。

文／陶鹰
（《景观》杂志高级编辑）

能以智得 大家勤成
——访园林专家耿刘同

◎耿刘同

耿总年近古稀，性情未改，习惯如旧：每天早晨六点多起床，先坐到书桌前，把认不清的字查一下，把尚在酝酿中的思绪离剔辨析，将不清楚的问题搞清楚。如果不是用这种方式作为一天的开始，一天的节奏就会紊乱，别扭得踩不到点上。

耿刘同 1939 年出生在扬州一个儒医世家，其父耿鉴庭，为我国一代名医，是中国中医研究院的主要创始人之一。世代高明的医术与深厚的文化修养，令耿家不管是在扬州市还是京都，都成为文化名人荟萃之所。这种独特的家庭文化熏陶，是耿刘同人生的底色。这种底色令他涉猎广泛，又加之他聪慧过人，因而随着人生阅历的不断丰富，他逐渐形成了学识广博、性情顽黠、语言幽默风趣、只属于耿刘同"这一个"的个性风格。

然而命运并不是通达的直快列车，一直被冠以"园林专家"美誉的耿总，其实并不是园林科班出身，他是佛教艺术研究生，专业考察研究对象是中国名山大川的石窟艺术；他的职称是文物系统研究馆员，国务院颁发的政府特殊津贴，是表彰他在工程技术方面的成就。

佛学院毕业后，正赶上"文化大革命"，1968年他进入颐和园时，是个连临时工都不是的"帮忙"美工。所以他说，他在颐和园工作的起点，不是从零开始的，而是从负数开始的。

从1983年至2001年，在近20年的时间内，由于长期在颐和园工作，特别是在颐和园领导班子里工作，他遇到了许多一般社会上研究颐和园的专家所不可能遇到的问题。逼得他不得不搞清颐和园作为皇家园林的历史细节和价值所在，并由此发出对"园林"现象的思考。

耿刘同的确是一位园林专家，且是一位独特不二的园林专家，在园林系统干了几十年，关于园林，他也有着自己的见解。

园林是一种文化现象

园林就是园林，园林是一种文化现象。说园林如诗如画，但她不是诗、不是画；园林离不开植物，但植物学概括不了园林学。园林与建筑，有深厚的关联，但建筑学也代替不了园林学。园林与林业有着看似类同的表征，但"造园"和"造林"是两个完全不同的概念。

历史名园是博大精深的中华文化最为全面、最为直观、最为生动的物化体现；她们多层面、多角度地诠释了中华民族的精神财富，又以物质文明的形态让人们能够切身感受。以历史名园为载体保护和传承中华民族的优秀文化，应被视为最完美、最理想的文化形态。

任何历史遗存都有两种功能：历史功能和现实功能。现实功能是以历史功能为依据的，如古代的石器，历史上它是生产工具，现在用来解释和证明当时的生产力和社会形态。再比如紫禁城，封建帝制灭亡后，它的历史功能结束了，现在成了博物院。长城历史上是防御工事，现时功能成为著名的旅游景点。历史园林作为文化遗产，与其他文化遗产有着很大区分，因为它从历史现实的定位上，不需要本质的改变，虽然在使用功能上，发生了巨大的变化，但就其功能属性，并没有发生改变，它是坐着历史"直通车"过来的，只是服务对象发生了变化。

不管是北海的琼岛、天坛的圜丘还是颐和园的佛香阁……她们或被辽金元的劲风吹拂过，或被明代的月色辉映过，或被清代的夕阳抚摸过；她们与历史同行，没有比这些历史名园更能客观地映射时代的盛衰兴废、社会的沧桑巨变了。她们从一个独特的角度，折射出中华民族不断追求文明进步的曲折历程和北京的巨大变化，它是历史文化完好的保存。

园林是城市化的产物

在园林的起源上，一般认为"囿"是园林的起源，但耿总认为，"囿"虽然确实影响了中国古代园林的发展，但"囿"只是最早见于历史著录的园林形态，园林是城市化的产物。园林与城市是互动的，而且这又和城市的生命线——水系的分布、改造、修建分不开，都与皇家园林的发展有着密切联系，北京的建都历史充分说明了这一点。

元大都的建造是与昆明湖水系的改造同步的。西北郊水系的整理是元大都的配套供水工程，水系改建整理后，瓮山泊（昆明湖）从自然的湖泊，成为具有调节水量的蓄水库。由于水位能够调节控制，周边就有了兴建园林的条件。于是有了昆明湖东岸北侧的"好山园"和玉泉山东侧的"大承天护圣寺"。清乾隆朝扩建昆明湖，将湖面东扩至瓮山之麓，在湖东岸筑堤为"东堤"，以提高水位。湖面水位经常保持在离岸三尺为度。其时昆明湖已经成为规模可观的蓄水库。乾隆治理后，昆明湖具备了圆满解决接济漕运水源的问题，补充了西郊园林用水，对周边农田灌溉也发挥了重要作用同时具有了景观效应。

解放后京密引水，在建的南水北调工程，均以昆明湖为枢纽，这条水系在维系北京城市生命，为城市发展提供了前提条件。城市发展，园林同步发展。北京城明清时的中轴线仅七八千米，现在延伸到 30 多千米，北端已经伸展到奥运森林公园。园林的建设将城市的外沿向外延伸。从发展的趋势观察，城市与园林将更为紧密地融合，城市的园林化，使得两者从互动关系，发展成为一体联动关系。

还有一个很有意思的事，耿总说，很多城市都有"西湖"。苏东坡因为曾出知杭州、颖州、扬州，晚年被贬惠州，这几座城市都有"西湖"，所以他有"西湖长"的雅号。这是我国地理构造的大势造成的。一般来说，都是城市在东，水源在西，所以有了那么多的"西湖"。耿总的知识很丰富，探囊取物般就抛出一个。

中国的皇家园林有其必然规律性

中国历史上有汉、唐、清三个盛世：汉有文景之治、唐有贞观之治、清有康乾盛世，这三个盛世，相隔约1000年。这三个强盛朝代的皇家园囿兴建的极盛期，差不多都是在开国以后的100年左右。圆明园40景建成，是在乾隆九年（1744），距1644年清入关，也正好是100年。

封建社会，每个朝代都有先建宫殿的习惯，这是一种制度，而皇家园林是一种文化。文化需要积累，没有一定时期的文化累积，就形不成一个时代的文化特色。朝代的变更，是一个政变就完成了的过程，而文化是滞后的。如同登山，不达到高峰，就看不见下坡，中国的皇家园林的兴建一般都是在极盛时期，它们随着时代进入高潮，达到鼎盛。与之相反的是私家园林，私家园林往往是园主在退出政治舞台、退出官场时才会兴建的。这一点从私家园林的名称能够得以充分体现：拙政园、退思园、网师园、寄啸山庄、沧浪亭等，都表现出园主归隐田园后的生活情趣。

耿总对园林的认识

"天下之治乱，候于洛阳之盛衰而知；洛阳之盛衰，候于园圃之兴废而得"，北宋李格非的这句话，成为园林历史价值评价的精辟论断。不同的园林有着不同的历史价值："皇家园林反映了朝代的更替；私家园林反映了家族的兴衰；寺庙园林反映了宗教在中国的传播与宗派的扬弃。一部中国园林史，就可以折射出中国历史发展的一个侧面。在每一个民族灾难的时刻，总有园林毁败的记载。"这是耿总见解的独到之处。对于现代北京园林，耿总认为无论从数量上和规模上，都超过历史，这首先表现在城市规模超过历史。现代园林从生态和环境的功能上更为突出，但缺乏了古代园林优美深邃的文化空间。

这只要看看历史上江南园林与所产生的诗人、画家的共生关系就可得知。所以江南园林，不仅是一个优良的自然生态环境，也是一个美好的人文生态环境。

耿总曾在申报职称的自传里用这样八个字总结自己的工作生涯——"能以勤得，谬从浅生"。纵观他走过的人生路途，丰富的经历、阅历是他得以成为今天"专家"的宝贵财富。20 世纪 70 年代，他参加扬州梁思成设计的鉴真纪念堂壁画的创作，在扬州他工作了一年；1971 年，他被派到故宫"明清档案部"(现一档）负责查档工作，两年时间，他查阅了无数珍贵的历史档案，积累了大量的一手资料，也正是这件工作改变了他人生的轨迹，使他从绘画艺术、美工，转到园林古建艺术的保护利用、研究。后来他主持、主管了在园林界、古建、文物界、旅游界均获得高度评价的苏州街、淡宁堂等的复建工程及文昌院建设工程。

他作为专家组成员，参加了第一至七届北京市景观精品公园的评审，考察过近 100 个新园子。他是建设部推荐的五台山申遗专家，参加了峨眉山、嵩山景区规划评审和苏州的世界遗产调研，现担任中国紫禁城学会副会长。

2002 年 4 月，应扬州市委之邀，参加中国文化名人扬州行的活动。同行的有：启功、傅熹年，聂崇正等文化界知名人士。退休后，他进入了人生的又一个黄金时段——繁忙而自由，劳累又轻松，小有拘束又随心所欲，其实这是他一生追求的境界。他画画、写诗，赏研书法篆刻，像个老玩童一样"玩开了"，他把积攒了 70 年的多方面才华、修养统统玩了出来，但读书依然是他的第一爱好。

70 岁的耿总写了一首《读书谣》：

日日有新知，不在多与少。

大到一国情，小到一种草。

开卷喜目成，掩卷会心晓。

释卷心释然，提笔正旧稿。

读书非易事，我已读到老。

既无先生督，亦无春秋考。

再读三十年，成绩自更好。

这就是我们的园林专家——耿刘同。

文 ／李明新

（北京曹雪芹学会秘书长）

园林文化
与管理丛书

大家轶事

笃爱香菡品自高

——占祥部长的荷花世界

◎高占祥

7月的一个早晨，乘着一只画舫，沿着青翠绵延的芦苇荡，划入了水天一色的白洋淀中。放眼望去，浩瀚的水域里绽放着一片片百态千姿的荷花，朦胧的晨曦中，碧绿的荷叶衬托着朵朵红颜远远地连接着天际，偶尔轻风拂来，那潮湿的空气里会嗅到一阵阵淡淡的幽香……

在藕花深处，有一位老人正手持相机，全神贯注地抓拍镜头中的情景——他，就是爱荷花、拍荷花、写荷花、唱荷花、书荷花、画荷花的原文化部副部长、中国文联党组书记高占祥。

前几天，我刚刚拜读了高部长的荷花诗影集，当闻知高部长要来淀里拍摄荷花的消息后，便慕名前来，想亲眼目睹高部长作诗、拍荷的情景，洗耳恭听他与荷花的一些故事。

"荷花一身都是宝，花、叶、茎、藕，都能入药，有的还能食用。"提起荷花，高部长先从其食用性入题，娓娓地向我道来："在我国古代的历史文化中，荷花一直被人们看作是清正廉洁的象征，一些文人雅士还将荷花比喻为谦谦君子。在有些古代壁画和雕塑作品中，也能时常见到荷花的美好形象。比如佛像身下的莲花座，那就是荷花的造型。"

话音稍停，高部长若有所思地笑了一下。

"说到荷花，我与她从小就有缘分。我10岁的时候，看到有钱人的家里，过年时挂着观音菩萨坐在荷花上的画像，很好看。但我们家里穷，没钱买。所以，我就自己照着别人家的画，画了一张。后来，我母亲看了特高兴，就把我的画也挂在了墙上。现在回想起来，应该算是我与荷花的第一次结缘吧。"

说完，高部长又爽朗地笑了起来。

"高部长，听说您最爱拍摄荷花，并且已经先后出版了八本荷花的摄影作品集。"

"不是八本，而是十本。"高部长一边更正一边说：

"我的确喜欢拍荷花。因为荷花与牡丹、梅花、菊花、芍药、兰花等花卉不同，它生长在污泥中，却能做到一尘不染。荷花有圣洁之象，有君子之风。而且，荷花的花期也比这些花卉开的时间长，荷花从六月份开花，可以一直开到九月份，有的地方经过培养，还能开得更久一些。"

"另外，荷花还有一个与众不同的特点，她不怕风吹雨打。你看牡丹、芍药这些花，大雨一淋，大风一吹，就会花残蕊落、神态顿消了。而荷花却不一样，她经得起风雨；越是风雨，荷花越有精神，越显示出她独特的魅力……"

听至此时，我想起了刚刚读过的高部长的咏荷诗：

平生无意斗红芳，璞玉浑金韵味长。
质洁何须多润色，天然去饰久留香。

——《玉质》

春花春叶雨霏霏，秋藕秋莲映日辉。
淡泊高风云水志，不枝不蔓育芳菲。

——《育芳》

有些读者可能不知，作为诗人和作家出身的高部长著作等身，在紧张繁忙的工作之余常笔耕不辍，在1999年，就已出版了《咏荷诗五百首》，并获得了《大世界基尼斯之最》的证书。

500 首咏荷诗，真可谓洋洋大观矣。

若回望中国文学历史的灿烂星河，迄今，还没有一位诗人能以一种花卉为题材，创作出数百首诗歌的先例。

如有之，当从高占祥始。

我以为，读高部长的荷花诗，应与其出版的 10 本荷花摄影集相互映照，只有这样，才能比较深入地窥知作者推敲荷花诗句时的情感和摄取荷花神态时的心境。

俗话说，文如其人。

《咏荷五百首》，既是作者内心世界里因荷有感的著作和论述；也是作者用赋、比、兴的文学手法，对大千世界中形形色色的人与事所做的赞美与批评、讴歌与嘲讽；更是作者忧患社稷、喜怒哀乐、芳风咏时的精神写照。

"高部长，您能背几句咏荷诗吗？"我问道。

"当然可以。"

"名花恰似深闺女，不露轻狂隐翠帏。

疏影残荷看不厌，诗人对景思如潮。"

高部长随口背诵了几句后，说："我写的荷花诗里，有老人、有小孩；有男人、有女人。而且还有我的少年、我的青年、我的中年……"

听高部长说到的"中年"二字，我不禁想起了他人在中年时的一个小故事。

"文革"时期，高部长在团中央工作，被部下的一个人"揭发"，受到过冲击"文革"结束后，当组织上就其人是否任用而听取高部长意见时，他一笑了之，既宽容又大度地为这个后来当上部级干部的人说了一些好话，并且实事求是地说："这个人说的没错，没有讲假话，我当时就是那样说的。"

这种亮节高风，不正是国人赋予荷花的谦谦君子之风吗？

文如其人。荷花的品格如其人。透过镜头，观看高部长的荷花摄影集后，才知摄影也如其人。10 本印制精美的摄影集，从一个侧面折射出了作者拍摄荷花的足迹，影集中那万千变化的荷花身姿呼之欲出，跃然纸上：你看，美丽盛开的花朵、衰败枯萎的残荷、一枝独秀的花蕊、并蒂双栖的花伴、群芳璀璨的花海、月下独立的花容……大凡客观世界里，那些我们常见的、稀见的荷花品种，以及她们在不同境遇、不同时间、不同光影下的神情、姿态，通过作者高屋建瓴的思想润泽和大朴大拙的艺术经营，都被赋予了或高尚或廉洁、或优雅或艳丽、或平凡或神奇、或自然或经典的人性光彩。"以荷花喻人，追求经典，追求超越，追求永恒，是我拍摄荷花的目的。"

高部长讲述了自己拍摄荷花的体会后，继续说道："只有这样才能不断地进步。追求经典，首先要超越自己，只有超越自己了，你才能超越别人，才有可能达到永恒。"

话音至此，高部长文思一转："另外，荷花的'荷'字，谐音和平的'和'字。'和合二仙'还是古代和现代艺术作品中经久不衰的题材。而由此引申出来的和合、和谐、和睦、和平的涵义，还代表了当今社会发展的主旋律。"

"高部长，我拜读过您不久前创作的长诗《和平颂》，您能否谈一谈写作《和平颂》时的动因和经过？"

听完问话，我看到高部长略微思索并酝酿了一下情感，诗人的气质顿时迸发出来。

> "浩渺苍穹，气象纷呈。华夏英杰，踔厉峥嵘。乘祥云兮
> 穿星破月，驾神舟兮逐电追风。游太空兮开新路，探宇宙兮保
> 和平……"

随着诗句的抑扬顿挫和感情的自然流露，高部长的双手在胸前时而静止，时而舞动；他一边朗诵、一边回忆、一边为我讲述着写作《和平颂》长诗的艰苦经历。

"《和平颂》创作之前，我听到神舟六号即将上天的消息。神舟六号成功地遨游太空圆了我们的一个心愿、一个梦想。我当时就想，怎样使飞船上天更具有时代意义，更具有深刻的文化内涵。当然了，许多人可能从科学技术发展的角度看待飞船上天，这固然是令人欣慰、令人惊喜的事情。但我认为，光是停留在这样的认识水平上还不够。当时正值抗日战争胜利60周年纪念日，反战的声音很浓。我认为，我们不应该忘记战争给我们带来的创伤，但我们在反

战的同时，还应该加强和平的声音，反战是为了和平。另外，当时有的国际舆论，嫉妒我们航天科技的发展，有意无意地大谈'中国威胁论'。因此呢，我就想写以和平为主题的东西，让国外的人了解我们航天史上的丰碑，神舟六号飞船的上天，是为了和平，是为了发展，是为了探索宇宙的秘密，是为了人类开辟认识大自然的新路。"

"当时，曾有人建议我写《博爱颂》，但我觉得和平更是世界当前发展的主题。但真正写起来呀，很困难。大词作家阎肃老师听了我的想法后也说，用诗歌的语言来表现和平这样一个世界性的重大主题，甚至是有政治性的主题，非常之难。"

望着高部长脸上凝重的表情，我似乎感觉到了《和平颂》在其创作过程中有多么的艰辛。

高部长告诉我说，"几千字的《和平颂》前前后后写了三个多月，其间不知反复修改了多少次，有时一个词，反复推敲琢磨好几个月。"

《和平颂》诗篇定稿后，高部长按照飞船上天的严格要求，用中国书法艺术的表现形式，在作品选用纸墨以及尺寸大小、重量等方面又进行了不知多少次的书法实践，最终写就了这幅内容与形式堪称绝品的书法长卷。

2005 年 10 月 12 日，《和平颂》带着全世界爱好和平人民的心声，寄托着中国人民对世界和平的祝愿，表达了中国人民对战争的憎恨、对生命的热爱、对和谐社会的向往、对两岸"化干戈为玉帛，开万世之太平"的希冀和中国人民对和平、科学、文明、进步等美好的理想，飞向了九重天外。

2005 年 11 月 20 日，高部长手书的《和平颂》书法作品，又作为中国领导人的礼品赠送给了来华访问的美国总统布什。

"有人闻听了《和平颂》的经历，曾建议我进行拍卖，有人说要出几千万，甚至出更多的钱将其收藏。但我对他们说，《和平颂》从进入飞船的那一刻起，就已经不再属于我了，她属于中国，属于全人类。""和平万岁，万岁和平。……和为贵，和为明，和则顺，和则兴。和是久旱之春雨，和是酷暑之清风……"

我倾听高部长背诵着大开大合、激情磅礴的诗章，忘记了眼前这位神采飞扬的长者已是耄耋之龄，因为在这青春的朝阳渲染下的荷花荡里，在"荷花、和睦、和平颂"这三个富有特殊内涵的意境中，我好像感觉到了高部长那颗不老的心脏与时代共同舞动的脉搏……

艺术当随时代！

祝愿高部长：诗、书、画、影，永随时代前行！

文／莫闻声
（自由撰稿人）

好景观映照出好时代

——乔羽先生采访侧记

◎乔羽

著名词作大家乔羽先生，2006 年被市民评为北京市首届景观之星。5 月 29 日，我们一行专程赴郊外的一所别墅，拜访了人们亲切称之为"乔老爷"的他。主要目的是取他老人家的手模，为建造一条景观之星大道做准备。

当问清我们的来意之后，乔老爷很"听话"地坐在一个长方形的茶几前，伸出他那双曾经挥就无数经典歌曲的大手，在刚搅拌好的石膏取手模木框中用力一按，居然一双手全浸了进去。负责工艺的戚老师一看糟了，立即帮助乔老爷将手从泥浆中拔了出来洗净，并重新搅匀石膏，告诉乔老爷不要太用力按压，将手掌浸入一半即可。这一次乔老爷做得很成功，两只手掌不轻不重地按在湿漉漉的石膏中，一丝不动，大约 10 多分钟，等待石膏凝固。我们几个人看准了这个难得的机会，不约而同地一个接一个地靠在乔老爷身边合影留念，大家都为能和乔老爷合个影感到非常幸运。乔老爷一边双手纹丝不动地印手模，一边慈祥地抬起头，给每一个人合影。

按照我们的计划，取完手模，请乔老爷为我们的活动题词和接受我们的简短采访。

笔直地坐在硬板椅子上，拿着姿态，坐 10 几分钟，别说 80 多岁的老人，就是年轻人也会觉得不轻松。我们请乔老爷坐到沙发上，他先点燃一支香烟，深深地吸了一口，然后提起笔，稍稍沉思片刻之后，在殷红的题字本上写了几个苍劲有力的大字："好景观映照出好时代"，签了名，注上了日期。我们在一旁看了乔老爷的题词非常激动。这个题词不仅紧扣了景观之星评选活动的主题，而且和我们的时代紧密联系起来，意义深远，耐人寻味。

我们的采访从题词说起，自然而然地谈到了他著名的《让我们荡起双桨》这首不朽名作。我说，这首歌伴我长大，也滋润了几代人的成长，它不仅赞美了北海美丽的景色，而且也起到了宣传北京公园、北京园林的作用。2005 年，为纪念这首歌面世 50 周年，您还亲自参加了北海公园举办的活动，您不愧成为首届景观之星。老人听到说这首歌，似乎来了兴致，一直夹在手上的香烟都忘了吸，任烟雾在屋内袅袅缭绕，而他似乎并不在意，直到烟灰落在衣服上。他说，"这首歌，当时正值祖国解放不久，在北海公园拍摄电影《祖国的花朵》，让我为之写主题歌。我们住在北海，每天看朝霞晚云，欣赏白塔倒影漾漾的湖水中，激发了我的灵感。这首歌不仅是写北京，是写从黑暗走到光明的中国的，是生机勃勃的刚刚诞生的新中国的写照，它属于那个时代……"

我终于明白了乔老爷题词的含义，在他的心目中，时时刻刻都装着"好景观映照出好时代"的乐章！

文 ／景长顺
（北京市公园绿地协会秘书长）

日本老人樱花情

——访濑在丸孝昭先生

◎濑在丸孝昭

2012 年 4 月，濑在丸孝昭先生率日本友人一行专程来到北京，接受北京市公园管理中心、北京市公园绿地协会以及北京市风景名胜区协会颁发给他的荣誉——北京景观之星。这是对他 20 多年来对北京樱花事业发展所做出的突出贡献的肯定和表彰。

濑在丸孝昭先生最重要的贡献，就是他排除万难成功赠送给中国许多樱苗木和品种。从 1996 ～ 1999 年，他先后赠送给中国 171 株樱苗和 120 多个品种，同时还有大量大岛樱种子以及用于嫁接品种樱花的砧木。

在经济发达的日本，购买樱苗并不是件难事，难的是平民不能轻易将樱花赠送到中国。从 1986 年起，中国海关明令禁止日本樱苗进口。而作为研究性质引种樱花，北京玉渊潭公园有着天时地利的条件，更有北京园林局诸多领导们的奔走促成，这使濑在丸孝昭与玉渊潭结下特殊友谊提供了机会和可能。个中机缘难以复制，老先生所做的努力，也令众人钦佩。

在 1995 ～ 2004 年的 10 年中，濑在丸先生频繁往来中日两国，广交园林界朋友。每年探望樱苗，甚至一年两趟，并且给北京植物园、科研所带来其他花木，同时把中国的兰花菊花之类花木带回去。每次来访，陪伴他左右的总是一位缄默的女士，被他介绍为"老婆"的好友。他在北京有很多朋友，许多留日的学生和园林界领导，相互之间无私地帮助。今年81岁的濑在丸先生再次重访中国，对于从小生活过的中国，绝对怀有一种超乎友谊、又割舍不断的特殊而复杂情感。

因为樱花苗，1995年一个春寒料峭的夜晚，我和一些领导去首都机场，迎接濑在丸孝昭先生及他带来的第一批樱苗过关。经过了很长时间他才出关，领导们礼宾相见。我在远处观察，第一次认识了这位气宇轩昂的红脸老人。刚开始我对他更多的印象是一副高高在上的架势，后来接触多了我逐渐发现，老头平和风趣，喜欢和养育樱苗的师傅们合影，喜欢开玩笑，也会因为樱花苗子没长好之类的事情红脸。由于玉渊潭苗圃地的变迁，那些樱花苗引入后并没有都长得亭亭玉立。娇弱的樱苗种下一年又被上了盆，再次下地后又被移栽，到2000年春季，众多大小樱苗都被搬家2次以上，可想而知，只有少量品种成长起来。比如小彼岸、雨情枝垂等早开樱花类，而其他大部分品种或成为小老苗，春季常因抽条而开不出花，或者开花之后逐渐萎缩。超过一半品种在随后的5年中纷纷凋落，短暂的灿烂一如樱花开放。同时，移栽中发现来苗80%染有根瘤病。当我把这一情况报告濑在丸先生时，他勃然大怒，认为这不仅是对他赠送苗木初衷的亵渎，更是在为没养好樱花而推卸职责。他总反复说，"送的那些樱花就是我女儿，我把她嫁过去，你们要好好照顾啊。"即使采取了隔离养护措施的苗木也被感染上根瘤病，我们竭尽全力保证樱木健康，但还是逐年衰退，着实出乎意料。

今天，当我们再查林业部关于禁止进口苗木相关文件时，才了解到20世纪80年代大量赠送到中国的日本樱花苗木，有着各种各样的樱苗病虫害频发报告。看来这一情况并不偶然，我们在养护管理中没能及时控制住病虫害是一个重要原因。嫁接繁殖的品种樱花苗木同样娇贵，北京冬季的寒风一再摧毁品种樱花，也几乎摧毁了我们对所有品种樱花的信心，由于样本量少，对于品种樱花适应性难下定论。直接引种苗木在北京也鲜有长大成树的，直到2001年大量种植的染井吉野，彻底改变了樱花节断档局面，才给玉渊潭公园带来了美好的憧憬。随着百十来个品种樱花的兴衰，我们也经历了惊喜、疑惑、无奈和难过别离。而远在日本的濑在丸先生，无论如何也无法理解樱花成长不好的原因。

玉渊潭樱花园建成之初，拥有数千株樱花的规模，在美丽热烈而新奇的樱花节后面，樱花栽培手段、观赏效果和花期却略存缺憾，而丰富樱花品种，则被认为是解决之道。1992 年日本中曾根首相曾赠送了 10 个品种的樱花，开启了缤纷灿烂的樱花节窗口。随后而来的濑在丸老先生，先后送来百余品种，为玉渊潭公园的樱花园锦上添花，不仅促进了民间了解交流，更把玉渊潭引种丰富樱花的梦想，推到了前无古人后无来者的极致。现在玉渊潭展览区樱花品种繁多，如美利坚、御帝吉野、江户彼岸、太白、松前早笑、雨情枝垂等等，都是源自濑在丸先生的壮举——在他赠送的百种樱花里面筛选嫁接而得。如今，玉渊潭品牌屹立不倒，与 2001 年的发展转折不无关系：由于丰富品种的引进及认识的提高，那年大量种植的染井吉野樱，今天已成为整个樱季的炫目主角。转折不仅为公园带来了可观的持续效益，也逐渐影响了全国，影响了大家对于樱花仅仅是种花木的看法。如今樱花在中国人心中同样被赋予了更多春天、灿烂、浪漫和美丽的含义，樱花的自然美丽特色被充分展示了出来，她作为友谊文化使者的意义不言而喻。

2002 年是中日建交 30 周年，也是樱花连接友谊的里程碑：濑在丸先生率领横滨日中友好协会一大群中日好友来北京，在玉渊潭公园隆重种下了 30 株友谊樱。那年春天来得格外早，3 月 20 日北京和东京的樱花就初放了。同年，他出资邀请北京园林局樱花访日团也在花期成行。他精心安排了行程，不仅有会见日本政府外务省官员，还有与园艺和动物专业人士的交流，此行中方在文化和技术以及园林植物的应用上收获丰富。

转眼今年又逢中日建交 40 周年，濑在丸先生再次来京，接受"景观之星"的荣誉，并且毫不客气地列了长长的会见名单，里面都是阔别多年的中国老朋友，大家一起在玉渊潭当年种下的大樱花树下合影，气氛热烈。此情此景让我想起那些年，濑在丸先生还邀请过日本插花专家来北京园林学校讲课交流，想起他为北植和其他公园牵线搭桥，提供了不少互访学习的机会。那些被他叫来参加活动的老友，高兴地回忆起他们留学日本期间，常常到老人家里聚会的情形。

今年濑在丸先生来到玉渊潭，当看到挂在公园会议室的油画完好无损，他高兴地在画前与大家合影。说起这幅油画，有着一段曲折的故事。2004年春他携带了一件沉重的礼物来京，就是这幅装裱精美的油画。那是他让一位有名的日本画家浜颈枝美子特意绘制的垂枝樱的油画，他把这幅画送给了玉渊潭公园。2005年日中关系出现了紧张的态势，他特意来信询问，油画的情况怎样了？要求公园一定要拍一张人物与油画的合影照片，去回复他的关切。于是，我为这幅油画在新老公园管理处搬家前后拍了不少照片作为完好见证寄给了他。

这次来北京，濑在丸先生特地去北京农业大学会见孙自然老友。88岁的孙自然教授缓缓下楼，81岁的濑在丸先生蹒跚迎上前，两个耄耋老人百感交集热烈相拥，彼此喜极而泣。2000年前后留日期间与濑在丸先生相识的高老师，介绍了我所不了解的另一面：应濑在丸孝昭先生的多次请求，孙自然教授和其他3位作者曾经合写过一本回忆录，分别记叙了自己在十四五岁的懵懂少年期所经历的不堪回首的战争打击，那是一段恐惧而又绝望的逃亡过程，展示了战争带给这一代人的痛苦。尤其是对日军侵占南京的那段恐怖回忆，使他领悟到战争对人性的摧残，因而对日中友谊与友好和平倍加珍视。濑在丸先生为这本书写了如下发刊词：

"1994年，在访问中国农业大学的时候，我有幸认识了孙自然女士。她曾经是这所大学的园艺教授。在此之前，我已结交了许多曾在日本留学的中国留学生，如东京工业大学的郑丹星博士（现北京化工大学教授）、还有岗山大学的郭永钢硕士（现东北林业大学教授）都是我多年的老朋友。

后来我听说了孙教授从1937年开始，那时她还是原南京中央大学附属实验中学一年级学生，直到日本战败的8年间，蒙受战乱之害，与家人到各地逃难的经历。当年，听到日本战败消息的时候，我在上中学三年级。那时我与我的两个妹妹在现在的中国河北省山海关暑假。我们还听说满蒙开拓团的学生动员令也被解除了。

1945年8月30日，我们居住的原伪满洲国锦州省绥中县被苏联军队占领，中学生以上的男性全部被拘留，押上货物列车。父亲被押往苏联，我们被押往原满洲国的北部。以后便是5个多月的拘留，手持自动枪的苏军士兵的恐吓，高粱糊、小米粥果腹，身着夏装抵御零下 20 多度的严寒。

1946 年 2 月，蒙中国八路军之恩，让我胸前别上'日本侨俘'的标志，释放了我。我只身一人，一路打听着奔绥中县去找妈妈、弟弟和妹妹。现在妈妈已经离开我们了。记得那时候，妈妈带着我们十分辛苦。她身上穿着不分季节的破衣裳，背着刚刚半岁的小弟弟，常常到土墙围着的中国人家里叫卖 1 分钱一块的糖果，回家就高兴地说：'中国人遭日本人欺负，可是没有报复我们。还可怜我们，买我们的糖。'

那一年 5 月回国后，生灵涂炭，我和从军队复员回来的哥哥一起随便找了个工作谋生。1949 年我的父亲也终于回来了，和我们一起辛苦工作，直到 23 岁我才感到生活开始好转，慢慢正常了。

近年来，在日本和中国，有很多人认为日本的侵华战争已是半个世纪前的历史。然而，在两国也有很多人仍然对那场令人诅咒的战争深恶痛绝。我向孙教授说，无论侵略与被侵略，作为战争的惨痛体验者，我们应该承担把战争的罪恶转告后代的责任，而且把它作为中日两国永远和平的基础。我恳求她，希望她能执笔回忆在日本侵华战争中蒙受磨难的经历。经过 3 年时间的交往，孙教授总算理解了我的意愿，应允了我的恳求。她决定与 3 位她当年的同学一道撰稿。可想而知，那些用笔难于表达的日本侵略战争的回忆，给年事已高的孙教授和她的同学带来的精神上的痛苦和难眠的日夜。然而，他们还是祈念着中日友好和平，毅然用笔写下了战争中的体验。

我以《战争创伤与和平之基石》的书名，寄托日中永远和平的愿望，承蒙几位撰稿人的同意而发刊。在本文开头提到的几位年轻学者曾为此书面世做了许多工作。值此书刊行之际，谨向他们表示诚挚谢意！"

或许，我们从这里可以了解濑在丸孝昭先生为中国、为北京、为玉渊潭执着地捐赠樱花的初衷。据高老师说，那本《战争创伤与和平之基石》被日本横滨的图书馆所收藏，因见证侵华战争及南京大屠杀的存在，濑在丸老先生甚至被日本右翼所憎恨并遭到生命威胁，但他坦然地说："我这把年纪了还怕什么？"

文 ／许晓波
（原玉渊潭干部）

听佐双院长讲那北植的故事

◎张佐双

金秋送爽的九月，在倾注了他43年心血的植物园里，我们走进了这位性格开朗、精力充沛、谈吐自如、平易近人的园长张佐双，听他把北植的故事讲来……

故事之一：找财政部长要钱建北植

故事要追溯到解放初期，10位植物工作者联名给中央政府写信，建议在新中国组建植物园。经过调研，中央批准了这个建议，并责成中科院和市政府拨专款联合建设，以香颐路为界，路南以科研为主称南植，路北对市民开放称北植。1959～1961年，国家遭遇了严重的自然灾害，植物园被"调整"了，建设就此搁浅。不久"文化大革命"暴发，一搁又是10多年。北植建设真正步入轨道是在十一届三中全会以后。时间跨入1983年，佐双开始任北植副主任主抓业务，期间北植的建设曾得到了中科院、建设部、市政府和园林局的高度重视和财力支持，但由于资金技术等多种原因，植物园的建设始终没有大的突破。1993年，出任园长的张佐双从上海得到信息：建设国际化大都市，有四个部门要与国际接轨，那便是图书馆、博物馆、大剧院、植物园。1994年从上海来中央任职的吴邦国同志建议北京到上海走一走，幸运的是佐双作为成员之一到上海植物园参观考察。这一去不仅打开了眼界，而且为北植走向大规模建设打开了一个良好的开端。回来后，佐双下定决心，一定要把北京的植物园建设成与国际接轨的国家植物园。这期间朱镕基总理等中央领导曾多次莅临植物园，市领导李其炎曾6次暗访植物园，每一次都被佐双"捕捉"到了，他不放过每一次与领导"沟通"的机会，每次都把建设植物园的重要意义讲给领导听，他说在城市的基础里面，植物是有生命的部分，它方方面面的功能是无以替代的，最重要的是国家植物园还承担着科普、科研、科教的任务，起着提高国民素质的作用。他的诚恳、执著打动了各级领导，他的事业得到了鼎力支持。在做好搬迁园内4个自然村、100多户农民的前期准备工作后，建设一座国际水平大温室的目标提出来了，这可需要一笔不小的款项！佐双想到了80年代中期国家主席杨尚昆考察北植时，跟杨主席说的："建大温室在建国初期的总体规划里就有了，当时批了560万，其中280万是建大温室的。那时国家有困难，我们才花了100多万，剩下的钱国家给我们存着哪！"杨主席就说："那你和王丙乾（时任国家财政部长）去要啊！"佐双把这句话向市领导一说，市长说这点钱市里就能给你解决，你就写报告吧！

　　大温室建设列入了1998年的北京市政府工作报告，是1999年为市民办的60件实事之一。市领导指示要精打细算、精雕细琢、紧锣密鼓。大温室建设的技术水平要求相当高，佐双派出技术人员出国考察，查阅当地历史气象、地质资料，为设计院拿出了无可挑剔的设计条件。温室玻璃采用的是点式连接方式，是目前世界上抗风能力最强、亚洲面积最大、国内设备最先进的展览温室。室内植物环境实行多系统一体化控制和自动化管理，具有世界先进水平。这样的温室在世界上至少也要3～5年才能完成，而北植仅用了一年半就投入了使用。大温室的建成是植物园建设史上一个大的跨越，因为，植物园是一个国家、一个地区科技科普水平的标志，如果把植物园比作城市的王冠的话，那么大温室则是王冠上的明珠。北植的展览温室荣获全国第十届优秀工程设计项目金质奖，北京市第十届优秀工程设计一等奖，首都绿化美化设计特等奖，北京市90年代十大建筑，中华人民共和国国家质量奖，大树移植等多个项目获得世界吉尼斯纪录，得到当时的国家领导和国际专家的一致称赞。温室建成后的当年，接待 40 万市民参观游览，得到各界朋友认可。国际知名园林专家皮特·雷汶教授给了大温室、植物园很高的评价，也给了佐双很高的评价，称他为：中国植物园建设的一个天才；宣传植物园建设的一个天才；能够争取方方面面重视、建设植物园的一个天才。佐双的座右铭是："干什么就要吆喝什么""要把我们的认识变成领导的决心，再把领导的决心变成我们的具体行动"。

故事之二：zuoshuang（佐双）月季

月季是很多国家的国花，原产地在中国，45 天左右一个周期，每年 5 ~ 11 月都能开花，花茬不断，深受百姓喜欢。月季象征着和平与爱情。联合国开会，历史上有过各国领导人之间互赠月季的记载，情人节用花也是月季，佐双是中国花卉协会月季分会的理事长，为此结交了不少国际同行朋友。澳大利亚朋友劳瑞·纽曼曾十几次到北植参观月季园，每次老人都要带来新品种，并亲自翻地、扦插、嫁接，佐双曾给予他莫大关心和帮助。为了表达他对佐双的感谢之情，为了中澳两国的友谊，他把新培育出的、原产于中国现风靡全球的新品种月季命名为"zuoshuang 月季"。如今这个品种的月季就绽放在北植月季园的西南角，它由初开的淡粉逐渐变成杏粉，花瓣上还有少许"雀斑"，夕阳西下煞是美丽动人。据说这种月季在今年的郑州全国月季展中还颇受青睐！

故事之三：市长修运河，我引西山水

中国的园林讲究三山、六水、一分田，水是植物的命脉，水是景观的灵魂。北植多年来有山少水，总有点遗憾，这也是佐双心里的一件大事。恰逢贾庆林任市长期间，市政府治理改造了长河、昆玉河，让运河水贯穿了北京城。北京有了水，城市有了灵气，也启发感染了佐双，他决心要让植物园也灵气起来。考察了西山地质资料，百年前这里就有水，樱桃沟就有水源头，由于地下水位下降，现在水少了。尊重科学，依据科学，他们请来了水科院、设计院的专家调研设计，逐级报告争取到财力支持，让后山的水翻过山来，打了两口深井，在汇水区修了 3 个蓄水大湖，总容量达 10 万立方米，不下雨时先蓄地下水，下雨了再补充进来。这样可以一举多得：有了水，湖内增加了湿生植物，一种生物的存在可以制约 30 多种植物的存在，符合生物多样性保护，健全了生态；

蓄水湖将地下水抽上来，阳光晒一晒，然后浇灌植物；樱桃沟的水杉林滋出了嫩芽；市民百姓其乐融融，年游人量由以往的 100 多万陡增到 300 多万。佐双讲，在全世界 2000 多个植物园中，有一道贯穿整个园子的水系，北植是第一家。现在的北植山水相依、植被繁茂，被赞为"三潭碧水映西山"。

故事之四：借助外资培养自己的学子

"人世间，最宝贵的是人才，只有一流的人才，才能干出一流的事业"，"培养出一批顶尖的科技人才，某种意义上说比建设一座植物园还要重要"，佐双如是说。1993 年佐双出任园长，局领导在人才问题上的指示是："设舞台、搭梯子培养人才；事业留人、感情留人、待遇留人。"鉴于植物园园长出国考察机会多的优势，他给自己定下任务：为人才出去学习发展打开一个通道。每次出去他都把人才的交流放在第一位，其次才是植物的交流。去美国考察，了解到长木植物园有一个很好的培训班，他把硕士生王康推荐出去培养。王康去美国后，先在长木学习，然后到纽约植物园学习电脑数字管理，回国后，在佐双的支持下以优异的成绩考中中科院王文采院士的博士生。陈进勇，硕士生来的，用因公护照被派往英国邱园学习三年，现在是中科院洪德元院士的在读博士。胡东燕，农学院专科毕业生，分到北植后负责桃花引种花期控制，佐双发现她是个苗子，给她加担子，让她负责搜集我国从南到北的桃花品种，借助与日本友人濑在丸先生的友好情谊，将小胡送到日本搜集桃花品种。目前北植的桃花品种已由原来的 10 几种发展到 60 多种，延长了观赏期。小胡也从一个农学院的专科生，续本、读硕、考研，她的论文曾被陈俊愉教授评价为改革 10 多年来水平最高的论文。还有副园长赵世伟、送到英国邱园学习兰花研究的张毓……这些学子们的学费基本都是外方资助或自己打工挣的。佐双对这些人才政治上关心，工作上信任，生活上照顾。学子们把国外所学全部反馈给了植物园的建设。佐双说，这十几年植物园的发展，若没有这批高水平的科技人才简直是不可以想象的。

故事之五：他自己就是一个故事

1962 年，16 岁，初中毕业，一直到今天，他的工作履历是：工人、副班长、班长、技术员、副主任兼绿化科长、园长。植物园的业务他几乎都做遍了，这经历本身就够丰富的了。是什么力量使他有如此丰沛的精力、取得如此骄人的成绩？他自己说感谢政策，感谢各级领导，感谢曾经传授给他知识的教授，感谢国内外同行的朋友们，感谢园子里的职工。他的讲述里，"爱心""学习""执著"是贯穿始终的，他爱北京植物园，爱园林事业，他的生命已经融入到事业中了。他始终在学习，从不放过任何一次学习的机会，他做事执著，他说要和世界巨人合作，就要自己有本事，否则那是不可能的。他的眼光总是瞄向国际一流水平。他说是植物园养育了我，培养了我，将来我退休了，哪怕回来看看门，不给报酬，我也要来，我要回报植物园。市领导曾经给他作过总结，说他是宣传家、鼓动家、实干家。在采访即将结束时，我们请佐双做了一个总结，他最大的欣慰是：赶上了好时代，在他的经历中建成了月季园、盆景园、黄叶村、大温室、水系改造、樱桃沟改造；他最高兴的事是：我的职工超过我，因为历史发展是长江后浪推前浪，是青出于蓝而胜于蓝。他最欣赏的一副对联是：启功先生的"做人诚、平、恒，行文浅、显、简"。他最大的心愿是：在退休之前把北京植物园建成与世界顶尖植物园相比肩的中国植物园。

　　后记：接受采访的会客厅里，奖杯、奖状、证书层层叠叠，它们是北植走过路的有力见证。然而我更认为金杯银杯虽可贵，老百姓的口碑更可贵！采访前对张园长的认识一是来自亲眼看到的北植变化，二是从游客口中听说来的：快去北植看看吧，那里又添新景点啦！看着北植的发展、壮大，他们由衷地高兴，而这些变化的背后，倾注了佐双园长多少心血又有多少人知晓呢？他曾31次走出国门，造访51个国家和地区，作为植物、科技、环保的使者，他培养了一批高水平的人才，汲取了世界一流的管理理念，回报了养育他、培养他的祖国，回报了他所挚爱的园林事业。他视事业为生命，在北植建园50周年即将到来的前夕，他的眼光又瞄上了更为广阔的世界先进领域。我相信，明年乃至今后，张佐双园长的故事还要讲下去，并且会更加精彩……

文　／董玉玲
（玉渊潭退休干部）

造一处建筑　留一处景观

——北京阳光鑫地置业有限公司
总经理刘艳霞采访记

◎刘艳霞

"我们天天到这儿来锻炼，有时一天来两趟呢！"

"我倒是第一次来，是听我儿子说的，还真不错！"

"你看这公园风景多美啊，有山有水的，听说是一位女经理投资建造的！"

星期天早上的"阳光星期八"公园里，动静相宜，有跳健身操的姐妹，有跳交谊舞的中老年朋友，有打各种球类的年青人，也有或散步聊天或静坐读书的人们。说这些话的大多是住在附近的大爷大妈。这座位于海淀区玉泉路和金沟河路交汇处的开放式公园，占地 5.6 公顷，是北京阳光鑫地置业有限公司于 2003 年投资 2000 万元兴建的。连续 5 年公司每年出资 80 万，认养了这块给老百姓带来快乐的绿地。公司的老总刘艳霞女士 2006 年 8 月 18 日的"8·18"北京公园节被市民评为"景观之星"，在今年的北京公园节即将来临之际，我们采访了她。

话题从"阳光星期八"说起："为什么给公园起这个名字呢？"我有些好奇。"生活在都市里的人们紧张而忙碌，星期一至星期五需要紧张工作，星期六、星期日又要陪陪家人，那么自己的休闲、娱乐、放松的空间在哪里呢？因此我们给这个公园起名'星期八'，是希望忙碌的人们给自己留点空闲，到这儿来放松一下自己"。刘总娓娓道来。

"阳光鑫地是从事房地产开发的集团，为什么不在房地产业挣大钱，而却花钱建公园呢？"

听了我的疑问，刘总说，作为房地产企业投资绿化其实是一件共赢的事情，它既为政府分担了财政负担，也为老百姓办了好事，同时又树立了企业的形象，大家都是受益者。她认为随着人们文化素质的提高，老百姓在购买房产的观念上也发生了变化，买房子先看环境，房子的价位因周边的环境而提升，从长远来看，爱护地球、保护环境是我们大家共同的责任，对于公益事业我们每个人都有义务，我们现在就是把美好的愿望变成了现实。当我说到老百姓对这个公园的赞许时，刘总谦虚地说，其实好多企业家都在做这件事，我只是其中之一。她说："对环境的保护，对首都的绿化，我是一个参与者，而不是旁观者，因为参与者和旁观者是不一样的，我和我的孩子几年前都在这个公园里认养了小树，就是想用实际行动参与到改善环境这个行列当中。"

秉承"造一处建筑，留一处景观"这个经营理念，阳光鑫地集团在考察了当地历史、文化背景后，在北京市的东部25千米处的采育镇一座叫"阳光波尔多"以种植葡萄为主的大型生态住宅圈开工了，房子未建，当地的环境改造工程已经开始先行了。刘总说做房地产，我们有了收益，就要拿来回报政府、回报社会，反过来政府和社会也会回报企业，使之成为一个良性循环。

采访间隙，我留意到，在刘总的办公室里印有企业LOGO的墙面上"积极主动团结协作坚持不懈注重绩效"16个大字赫然醒目，"这是刘总管理企业的理念"——秘书小刘告诉我们："在'阳光'工作很开心，刘总平易近人，想得周到，就连天气变化了，员工回家是否方便，她也要关注，她把我们凝聚在一起了。"小刘的话也引起了我的思考：也许正是刘总的这种人文关怀的意识，体现到她管理企业的理念和经营事业的理念当中了吧。

走出坐落在"阳光星期八"的办公室，我们又一次游览了这个小园，"竹溪园""星光广场""叠水听泉""健身广场"……小园划有10个景区区域。在这里，男女老少都能找到适合自己的位置，难怪老百姓这么欢迎呢。放眼周遭，机关学校、居民住宅，高楼林立，更加突显出这座小园在此处的不可或缺。看来，随着公园在老百星姓生活中的作用和心中的地位的提升，"阳光星期八"正在成为地标式建筑。

"造一处建筑，留一处景观。"多么好的经营理念啊！如果我们的房地产开发商都将这种理念付诸行动，那我想，城市现代化建设高速发展之后，给后人留下的就不会是如同漫画所讽刺的那样，一幅钢筋水泥森林的图画，而是一幅人在城中、城在园中、绿意葱茏的优美宜居的首都了。

文 ／ 董玉玲
（玉渊潭退休干部）

奥运是我剪不断的情愫

——记全国先进工作者、奥运火炬手魏红

◎魏红

2008 年 8 月 6 日上午，北京奥运会的圣火在庄严的天安门广场传递，朵朵祥云笼罩着神秘的紫禁城，600 年古都敞开怀抱，迎接这来自奥林匹亚的火种。代表着奥林匹克精神的火炬手们得到英雄凯旋般的礼遇，手手相连，激情传递。人潮中有一张熟悉的、亲切的笑脸，她就是来自我们园林系统的火炬手——原颐和园讲解服务中心主任魏红。2004 年，作为北京的火炬手，魏红在自己工作的颐和园内传递了雅典奥运会的火炬，如今，作为北京奥运会的火炬，她再一次更加深刻地体会到了奥运的激情与梦想。

平凡岗位书写非凡

还记得八年前，第一次采访魏红，第一次整理魏红的事迹材料，第一次走进魏红的世界，促膝长谈，甚至还记得在魏红家里吃的那顿美味可口的梅菜扣肉……我值得记忆的工作生涯便从"魏红"开始。2000 年，她恰好是我现在的年龄，恰好也是三岁孩子的妈妈。那时，魏红的事迹打动和感染着周围的人，

更是在我活生生地挖掘后，又一遍遍地"折磨"着我，每每想起、看见，便会神经质般地泪水潸然。如今，再次走进魏红的世界，感受魏红的心路历程，是因为"奥运会"。八年前我在写魏红的文稿中有一个章节叫"魏红的奥运缘"，没想到这份缘一直延续到了今天，并修成正果。一个能"蝉联"两届奥运会火炬手的人，到底有着怎样的不凡之处？

先看看魏红在这些年取得的荣誉吧：1993 至 1995 年连续三次荣获北京市爱国立功标兵；1994 年获北京市园林局"十大杰出青年"称号；1996 年获北京市总工会首都"五一"劳动奖章；1997 年获中华全国总工会"五一"劳动奖章；1998 年获首都劳动技能勋章；1999 年获"首都楷模"称号；2000年获全国先进工作者；2001 年获北京市五四奖章；2004 年入选中国百名优秀青年志愿者，荣获首都精神文明建设奖和北京市经济技术创新标兵称号；2005 年荣获北京市学习型职工先进个人；2006 年荣获"全国女职工建功立业标兵"。

回顾魏红的成长历程，20 余年的一线讲解服务接待工作，锤炼了她，也成就了她。1985 年参加工作，从一名普通的颐和园宾馆服务员，到一名英语讲解员，到讲解班班长，又到颐和园讲解服务中心主任，工作角色和内容在变化着，工作的视野和途径在拓宽着，但是多年来始终如一的是魏红的勤奋、钻研、谦虚以及工作上对自己和对年轻人的高标准、严要求。

凭着对祖国园林事业的热爱和追求，对工作的认真和严谨，对知识的渴求和学习，魏红从一名普通服务员，成长为颐和园讲解队伍的优秀带头人，这支队伍承担着颐和园内重大内、外事任务的接待，承担着服务广大普通中外游客的讲解服务工作。十多年来，魏红从没间断学习英语，也正是这种执着的学习精神，使她的英语水平迅速提高，为她从事英语讲解员工作奠定了坚实的语言基础。但是魏红深知，对游客来说古老的皇家园林颐和园是神秘的，它高超的造园艺术里蕴藏着中国灿烂悠久的历史文化，想要满足游客的需求仅靠良好的英语功底是远远不够的。因此她广泛学习文物、艺术、历史、佛教知识，不仅如此，为了抓住颐和园园林艺术的精髓，无数个春夏秋冬、阴晴雨雪的日子，魏红走遍了颐和园的每一个山水亭阁，用心灵去感受颐和园在每一个时令与时段的静态、动态美。此外，魏红抓紧时间学习导游接待礼仪常识，每次出外事任务之前，都要搜集一些相关国家的风土人情和文化信仰等方面的资料，在与客人交谈时尽量消除他们的陌生感，回答他们因不同兴趣、不同文化氛围而提出的问题，确保接待工作顺利地完成。

把握机会结缘奥运

魏红与奥运的缘分来得很早，在中国政府第一次向国际奥委会提出申办奥运会的时候，魏红便成为"传播文化、构建友谊"的使者，向国际奥委会官员展示了颐和园的景致和文化，也传递了友谊与和平的信号。采访中，魏红说："我确实与奥运挺有缘分的，这种缘分激励着我，给了我面对工作、生活、困难的勇气，同时奥运精神也成为我面对压力、挫折的一个动力。奥运给了我们提高、施展的舞台，在这个舞台上我们的视野拓宽了，我们的团队成熟了，当我们再次面对国际奥委会的官员以及来自世界各地的运动员、游客时，我们胸有成竹。"

1993 年在北京申报 2000 年奥运会期间，国际奥委会官员先后到中国进行考察，颐和园作为一个重要的外事接待单位，共接待了近五十名国家奥委会委员，均由魏红担任第一主讲外语讲解。那时，颐和园中英文导游班刚刚成立，短短两三个月的集训后，便顺利地通过了这次"大考"，全部圆满完成任务。2001 年 2 月，当国际奥委会官员再次来到北京，就北京申办 2008 年奥运会工作进行考察时，魏红已经挑起了颐和园讲解接待管理工作的重担。骄阳似火的 7 月，当 13 亿中国人终于圆了奥运之梦时，当北京接过五环旗，踏上筹办奥运、践行诺言的征程的时候，党和国家领导人在世纪坛亲切接见成功申奥的功臣们，魏红也在被邀请之列。此后，为了北京的 2008，魏红带领着颐和园的讲解队伍，又朝着新的目标进发了。7 年后，北京奥运会以"更快、更高、更强"的奥林匹克精神，把"同一个世界、同一个梦想"的深情呼喊变成现实，魏红的讲解队伍又欣喜而自豪地成为北京奥运会中活跃、激情的文化传播者。

自北京奥运会召开以来，颐和园讲解奥运服务模式正式运行，由全体职工和三所高校的大学生组成的共计 141 人的讲解志愿者队伍，为政府首脑、奥运大家庭成员、普通中外游客提供全程讲解、信息咨询、语言翻译、应急救助、外语服务热线等志愿服务。截至 8 月 25 日，共完成重大内外事任务 43 次；义务讲解 1345 次，服务 5333 人；"奥林匹克收藏展"讲解 230 次，服务 3 万余人；语言服务中心帮助游客解急难 22 次，服务 60 人，其中奥运外语服务热线接听 10 次；义务咨询 33300 次，服务 61300 人；语言流动岗 1571 次，服务 8430 余人。

"专业""惊喜""细致""延伸"服务受到北京奥运贵宾接待协调组以及中外游客的高度称赞。一位普通的日本游客千田博通在服务质量反馈表上留言："我非常感谢，在李述鹏的帮助下，我听到了关于颐和园的详细介绍，是书本上没有的。在讲解途中，他还不停地提醒我注意脚下台阶。他的热情友好让我感受到中国人民的友好。我对中国之前的某些想法也改变了。谢谢！"一位名叫冯晓的游客留言："奥运期间特设的义务导游服务使游客亲切暖心，满意！颐和园的各项工作和做法，值得学习推广，中国加油，奥运加油！"两位德国老人在暴雨中得到讲解员志愿者的真情服务后，感激万分，写下感言："我们对颐和园之行非常满意，这位志愿者从我们的眼中读出我们的愿望，没人能做得更好了。你们中国人很友好，举世无双！非常感谢！"

优秀的个体　优秀的团队

魏红固然是出色的，但一个个体的成长离不开集体，优秀个体的背后一定有一支优秀的团队。在接受采访时，魏红是这样评价自己的："如果说我取得了一点成绩，那这份荣誉因该属于我们的团队，一支踏踏实实、意志顽强、精通业务、勇于进取的团队；也来自于颐和园博大精深的文明与文化……传承文明、传播知识、传递友谊，用奉献、友爱、进步的自愿服务精神，用我们的知识把颐和园乃至中国优秀的文化向国人、向世界传播！"

2003 年，颐和园领导高瞻远瞩，为最大限度满足中外游客的需要，积极备战 2008 年奥运会，培养造就新时期园林讲解队伍，及时地成立了颐和园服务中心。由于"非典"的影响，服务中心在没有任何开办费的情况下成立了，修旧利废，经过短期的培训便"开张"了。为更好地发挥全国劳模的带动辐射作用，培养造就一批魏红式的讲解员，魏红被任命为中心主任。时代的重任再一次压到魏红身上。面对新的工作领域，她下决心一定要把自己所学所知传授给每一个讲解员，一定要培养更多更优秀的讲解服务人才，让她们在创造和谐园林的实践中，增长知识和才干。为实现队伍发展目标，她和班子成员带领大家找准服务定位，完善队伍基础建设。为提高服务水平，确保服务质量，魏红主抓建立并实施了以理顺和规范服务程序、服务标准为主要内容的岗位制度，在整合扩充、招募培训讲解服务力量，提高讲解队伍整体素质，培养合格讲解人才和优秀服务形象的工作中，她落实责任，身体力行。为带好以大中专毕业生为主的讲解后备力量和大学生志愿者队伍，魏红潜心研究服务心理学，总结编写出《不同性格游客特征和接待方法》《导游讲解难题处理原则和技巧》《导游服务中心处理突发事件预案》。

良马终需伯乐，打造一支优秀的团队同样离不开各级领导的支持。一直以来，颐和园党政领导始终是这支新队伍、生力军的坚实后盾，不但在用人制度上为她们倾斜，每年分配来的大中专毕业生几乎都是讲解中心最先挑选，并选择形象好、外语好的优先录取；领导班子还在人才引进上充分考虑讲解中心事业发展的需要，不断填补语种上的空白；在送出去、请进来的培训工作中，颐和园的导游队伍100%接受过外派学习的洗练。

这是一支准备有素、蓄势待发的队伍。讲解服务中心自成立之初，便瞄准了北京奥运会的目标。魏红作为奥运培训领导小组成员，先后组织编写了《志愿者培训手册》《志愿者管理手册》《奥运培训导游讲解服务技能》系列学习培训教材。组织实施了以"惊喜"服务为主要内容的延伸服务活动。从服务流程、服务规范，讲解词的编写和解说技巧，讲解知识结构积累以及服务工作难题处理等环节，和班子成员一道着力提高讲解员队伍整体职业素质。从组织全程英语讲解员培训班到开展讲解比赛，从帮助讲解员修改确立讲解稿到带领大家到实地踩点练习；从竭力为讲解员创造学习环境，外请专家讲课，到争取学习机会，亲自对社会上的外语学校和培训班进行考察，选择最合适的学校和培训项目，将讲解员分期、分批选送出去学习；从青年如何实现自身愿望到立足本职无私贡献，在成功服务他人的过程中体现自我价值，魏红毫无保留地将自己多年来积累的岗位认识和经验与讲解员沟通探讨，多角度培养奥运合格的服务人才，与青年集体在讲解服务岗位一起成长，一起收获。

魏红领军的颐和园的讲解队伍走在了行业的前列，不但是颐和园的一面旗帜，也是系统内、行业内的一面旗帜，多次代表公园管理中心参加全市的导游讲解服务、展示比赛，并多次拿到大奖。五年以来，这支队伍仅国家级荣誉就拿到了三个。时至今日，颐和园讲解服务中心已经是一支拥有23名正式讲解员和150名志愿者的讲解队伍，其中双语讲解员77名，提供中、英、俄、法、韩、日、德、手语等多语种全程讲解服务，实现了历史性的突破。自2003年成立五年来，魏红和讲解服务中心班子成员带领这支队伍，共为中外游客提供讲解13622次，其中有偿服务12520次，内外事任务1102次，提供义务咨询12万余次，服务中外游23万余人。五年来，没有发生一起安全服务事故。作为讲解服务中心成立五周年纪念，讲解服务中心还精心编辑制作了《颐和讲解讲解服务手册》，是对颐和园讲解工作的总结、积累，是后继讲解新生力量认识岗位和尽快成长的第一手资料。

在传播文化、传递友谊、服务首都、服务百姓的工作中，魏红和她的团队为颐和园赢得了可喜的社会效益，创造了良好的文化效益、环境效益和经济效益，并多次出色完成颐和园重大内外事讲解接待任务。得到了广大游客和各级领导的认可和好评。

就是这支优秀的讲解团队，圆满地完成了北京奥运会的接待任务，她们珍视这千载难逢的机会，她们不辱使命，她们给了世界一把了解中国文化的钥匙，通过她们，传递着古老中国和现代中国非凡的魅力。世界给北京一次机会，北京还世界一个奇迹；奥运给颐和园一次机会，颐和园还奥运一个惊喜！

谈到她的团队，魏红很欣喜、很激动，她说："是这支平均年龄不到30岁的年轻队伍给了我信心，我们每个个体都在为我们的集体而战，为我们的荣誉而战，早已形成了一种合力和默契，每一仗都是稳扎稳打，每一步都是踏踏实实。所以当我回首这些年，我觉得很坦然，班子的每一个人都在无怨无悔地付出，虽然很累，虽然很少能按时下班，虽然五年来我们几个女同志的外表都出现了加速的衰老，黑发早已掩不住白发，但没有一个人退却。我想，这段经历将是我人生中是最充实、最难忘的一段。现在虽然我离开了这个团队，但共同战斗，共同分享快乐、收获，共同分担苦痛、困难，共同面对压力、挫折的经历将伴随我一生，影响我一生。"

火炬手的启示

启示一："对于每个火炬手来说，传递其实就是几十米，很快就结束了。这就像是一种工作状态，你需要在背后付出巨大的努力，但是荣耀总是美好却短暂的。通过两次圣火传递，给了我很大的启示，同时我也要把'更高、更快、更强'的奥运精神带到本职工作中去，团结一心，手手相连。"

启示二：当问起魏红作为两届火炬手，有什么不同的感觉时，她说：第二次拿着火炬，不管跑了多远，都是挺激动的。因为这是在我们自己的国家举办奥运会，是在天安门接力火炬，这些都是不同的感觉。而且我们国民的素质在7年的准备、努力和积累中，全面提升了，大家对奥运会的认识、对奥林匹克精神了解，以及对体育运动的关注程度都大大提高了。

启示三：7年来，北京奥运会在创造丰厚物质遗产的同时，留下了更为持久、更为宝贵的精神遗产，不仅惠及当代，更会启迪未来。高快、更高、更强的奥运精神将由火炬手和广大自觉自愿的民众带到本职岗位中，让精神遗产在实际工作中渐渐地转化、渗透。

启示四：魏红是这样理解"名园效应"的：颐和园是世界文化遗产，她的名头在国内外是毋庸置疑的，我们很幸运地成为保护遗产、弘扬文化、传播知识的一员，更有幸成为可以与名园零距离接触的人，我们比任何人都能更直接地了解和学习中国传统造园艺术和传统文化，能更生动地体会和研究她的美学、历史、人文，然后再以我们的方式告诉更多的人，听者在认识和了解名园的同时也认识了你，这就是因势借力。通过这个例子，只想告诉年轻人，要珍惜各自的工作岗位，珍惜每一次工作的机会，珍惜拥有却常被忽视的无形而宝贵的资源。

文 ／谷媛

（北京颐和园研究室主任）

呕心沥血成大美 万苦千辛付奇妍

——访国际友好联络会副会长李长顺先生

◎李长顺

2013年9月15日，一场别开生面的发布会在香山世纪金源酒店的宴会厅里召开了，会场人流涌动，在宴会厅中展示着一百余株来自世界各地、奇形怪状的植物，参观者感叹"世间居然有这样奇异的植物"，大家争相拍照留念。这是李长顺先生《天外奇妍》大型画册的发布会现场，大家兴致勃勃观赏的是被李长顺先生称为"天外奇妍"的多肉植物。

李长顺，中国国际友好联络会副会长，是国内首屈一指的多肉植物养殖专家和摄影专家。他的力作《天外奇妍》正式出版发行了，这本爱好者盼望已久的巨作以多肉植物为题材，用艺术摄影的手法，为我们展现了一幅梦幻般的迷人画卷。

在异彩纷呈的花卉世界中仙人掌及多肉植物是一株奇葩。其中掌类植物多达2000余种，多肉植物更是多至万种。这些远道而来的物种千奇百巧，形态各异，或挺拔如柱，或圆润如盘，它们锋利的刺如针似剑，刚正不阿，而那绽放的花朵却又千娇百媚，五彩斑斓，如丝绸质地，金属光泽，有的如国色牡丹富丽堂皇，有的像山间的雏菊散发原野芳香。

结缘仙人掌

说起和仙人掌多肉植物的渊源，李会长娓娓道来：从 20 世纪 70 年代起李会长就开始收集和养殖，家里的阳台上种的都是仙人掌，别人挖菜窖储存蔬菜，他则搭起塑料棚种植喜爱的仙人球；在花卉市场等待从南方运来的仙人球现场开箱然后抢购一株株奇特的品种；从北京的官园市场到福建、广西的种植场，他都会一一探访；从报纸上见到有南方植物园关于仙人球的报道，他会找机会前去探个究竟；从普通的红小町，黄翁等品种养起，尝试自己在三角柱上嫁接缀化、斑锦变异，还尝试在同一株上嫁接多种色彩和形态不同的斑锦变异，这些现在专业人士研究的目标李会长 30 年前就已经尝试过了。在每天的观察过程中，李长顺先生收获了成就感，找到了乐趣，并总结了很多经验：开始翻顶的球证明是嫁接成功开始生长了；仙人球嫁接在三棱箭上比嫁接在草球上刺长得好；异花授粉结出的种子发芽后有时会有意外的收获……

为了增加对植物的了解，李长顺先生托人从香港买书；为了知道更多植物的名称和花友交流，和爱好者交流品种，寻访种球的老专家；为了得到新品种的仔球跟着卖花人上家里找……

李长顺先生工作之余广泛收集，精心引种，至今已收藏数百种较为名贵的珍稀仙人掌、多肉植物品种，其中那些大型野生，缀化，石化，斑锦及各类奇特品种是他最喜爱的。

我们非常佩服他对于仙人掌多肉植物的痴迷和钻研精神。

造就《天外奇妍》

这次出版的《天外奇妍——多肉植物艺术摄影》是李长顺先生关于多肉植物艺术摄影的第二部专著，他的第一部专著《天外奇妍——李长顺仙人掌及多肉植物养植与摄影》于 2005 年出版，第一部作品中有 300 余幅照片，主要是仙人掌类植物的艺术摄影。

《天外奇妍——多肉植物艺术摄影》这部画册是李长顺先生用时八年，精心为广大爱好者呈现的一部巨作，共收集了 700 余幅多肉植物的图片。说到两部《天外奇妍》的出版还有一段小插曲：李长顺先生酷爱摄影，尤以风光照见长。由于工作的缘故李长顺先生积累了大量世界各地风光的照片，本来很想出版一本世界风光摄影集，却由于机缘巧合在朋友的鼓励下于2005年出版了以仙人掌植物为主题的《天外奇妍——李长顺仙人掌及多肉植物养植与摄影》，第一部画册受到了广泛的关注和大家的肯定，同时也激励了李长顺先生用接下来的八年时间精心准备，出版了现在这部以多肉植物为主体的《天外奇妍——多肉植物艺术摄影》。为了让这部书更专业、更准确、更精致，李长顺先生请业内人士为每一幅作品进行鉴定，为每一株植物配上了拉丁文的学名，把这本画册打造成国内乃至世界上都是很专业的精品图书。

　　谈到创作的过程，李长顺先生尤为感叹，每一张照片都凝聚了他的心血，因为是"艺术摄影"所以不同于一般的照相，需要作者有扎实的摄影基本功，和深厚的艺术鉴赏力。要拍到植物最美丽的时刻，例如形态要最优美，这就要经常观察植物，等到植物的生长季节，色彩姿态最好，还要挑选最好的角度，才能达到最好的效果。李长顺先生在自己家中搭建了一个小小的创作室，挂上背景，打上灯光，然后将植物请上摄影台，有时一个画面反复拍摄若干次、力求精益求精，尽善尽美；想拍植物开花的形态，那要耐心等待开花的季节，还要挑选一朵盛开的花朵，有时没赶上盛花期，花朵凋谢了就只能等待下一个花季；有的照片，例如画册中有一张名为"姹紫嫣红"的照片，是李长顺先生在脑海中设计过很多次的作品，当时在上海的种植场中正好是景天科植物最好的生长季，叶色斑斓，生长旺盛，于是大家买来木栅栏，从温室里搬出状态最好的植物，按照李长顺先生的设计用半天时间摆出了现在照片上的样子，这张照片也是李长顺先生最为满意的一张。可想而知，画册中每一幅图片背后都凝聚着李会长的耕耘、心血。

　　照片拍好后进入后期制作，为了能亲自处理照片，李长顺先生运用Photoshop图像处理软件，自己在电脑上给照片进行修饰，有些背景的颜色需要调整，有些背景太乱需要将植物抠出来重新搭配背景，有些植物表面有水渍……这些在前期处理不了的情况都要在后期仔细地加工，为的是让每一张照片都完美。李长顺先生说：仙人掌多肉植物是非常奇特又吸引人的，颠覆了国人对花卉的传统形象和概念，他们的美有些是很微观的，通过艺术摄影可以将植物的美放大，将大自然的巧夺天工展现出来，同时将植物动态的美变成凝固的美，使稍纵即逝的瞬间成为永恒，向人们尽可能完美地展现这一独具魅力的多肉植物世界，共同体味大千世界的广阔，生命的灿烂和美丽的无限。

说到出版两本《天外奇妍》画册的感想，李长顺先生深情地说，他到过世界上许多国家和地区，参观了众多仙人掌及多肉植物种植园和著名爱好者的花圃，与各国专家、爱好者进行过广泛、深入地交流和探讨。仙人掌多肉植物的原产地多数不在我国，在很多方面我们不占优势，在养护水平方面和有着悠久种植历史的日本、德国等国家没法比。花卉养植和观赏是一门综合的艺术。两本《天外奇妍》画册的出版让我们看到在摄影方面我们国家是高水平的，是最先进的，让国人有了值得骄傲的方面。许多专家学者表示，到目前为止还从未见到国外出版过如此精美的多肉植物摄影图集。正如日本专家西雅基所说：李会长的植物在世界任何展览上都能拿头奖，李会长的画册在世界范围内也是无人能比的，看过这本书就是不知道仙人掌的人也会对植物感兴趣。在《天外奇妍——多肉植物艺术摄影》出版发行会的现场，原文化部常务副部长、中华民族文化促进会主席高占祥先生由衷地赞叹这本画册"奇、特、美"，赞扬李会长摄影技术的高超，还请李会长为他的摄影新作做指导。这位摄影发烧友，出版过 20 本摄影集的老领导这样高度地肯定李会长的摄影技术，足见《天外奇妍——多肉植物艺术摄影》的精美和李会长高超的艺术造诣。

李长顺先生希望国内的爱好者不仅仅做到种花、养花，还要不断提高我们仙人掌养护的品味和层次，我们不只是花农，爱好者，我们还要做鉴赏者，做仙人掌事业的推动者。

虽然仙人掌多肉植物经历了 20 世纪 70 年代和 90 年代的断续繁荣，但是在国内仙人掌多肉植物还没有像其他花卉那样有大的发展，仙人掌多肉植物的爱好者在国内还属于小众群体，我们应该着力提高仙人掌养植和观赏的层次，养出文化，养出艺术，养出品味，养出情趣，达到并超过国外先进水平。扩大仙人掌多肉植物产业的发展，希望仙人掌多肉植物能够进入千家万户，成为人们喜爱的花卉。

这些年李长顺先生为仙人掌多肉植物的发展做了很多工作，在他的大力帮助下，北京植物园已经成功举办了四届国际仙人掌多肉植物展览，先后邀请了美国、南非、日本、泰国、韩国等地的专家及爱好者前来交流，开阔了国人的眼界，增进了国际间的友好往来。

希望仙人掌多肉植物能够进入千家万户，希望仙人掌多肉植物的产业能够发展起来。

文 ／成雅京

（北京植物园干部）

莲花池与北京城

◎侯仁之

中华盛事欢庆声中，终于迎来莲花池上碧波荡漾，风貌一新。立足西南岸上，面向东北遥望，号称"京门"之北京西站，以其宏伟造型呈现眼前。观感所及，难免引起如下问题：在历史上，这莲花池和北京城究竟有何关系，还应再做进一步的探讨。

试从北京城的起源说起。

按北京城最初见于记载，始于商周易代之际，其名曰蓟，去今已三千零四十七年。最初城址所在，有明文可考者，始于北魏地理学家郦道元之《水经注》。推算其成书年代，去今已有一千四百七十余年。书中明文记载称：

昔周武王封尧后于蓟，今城内西北隅有蓟丘，因丘以名邑也，犹鲁之曲阜、齐之营丘矣。

从而充分说明蓟城之命名，源于蓟丘。不仅如此，在原书下文中，更进一步指出蓟城水源，名曰西湖。原文如下：湖有二源，水俱出县西北，平地导源，流往西湖。湖东西二里，南北三里，盖燕之旧池也，绿水澄澹，川亭远望，亦为游瞩之胜所也。河水东流，侧城南门东注……

按文中所记蓟城水源，实系来自西郊承压地下水之潜水溢出带，其地略低于海拔 50 米。泉水下游汇聚，终于形成蓟城西郊游览胜地之水上风光。实际上亦即今莲花池之原始景象。其间之转变过程，在早期蓟城于公元 938 年改建为辽代陪都南京城时，已初见端倪。

至于上文所记蓟丘，适在城内西北隅，与《水经注》所记相符。其故址在今城内白云观西侧，七十年代初已被改为建筑用地，遗迹不复存在。

公元 1153 年金朝继辽之后，正式建都于此，并在东西南三面扩大城址，改为中都。

最值得注意者即中都遗址，扩建结果，原来西湖下游中间一段，已被包入城中，并引水开辟皇城内之同乐园和宫城内之鱼藻池。于是中都城内皇家园林之水上风光，盛极一时。但是随着一代封建都城之发展，作为经济命脉之大运河，其开凿却必须另辟水源。其间虽曾先后从金口河与高梁河分别引水入闸河济运，终未成功。元朝相继兴起，决定放弃中都旧城，并在东北近郊，利用新水源，另建大都城。

其后历经明清两朝相继营建，遂有内外城之别，通称北京。

中华人民共和国肇建之始，重新建都北京，于是旧城改造，日新月异。郊区建设，相继兴起。终于使逐渐荒芜并已改称莲花池之古代西湖，喜获新水源而重放光辉。其经营开发过程，北京市政府决策在前，丰台区园林局相继进行规划建设，并绘有"莲花池公园详细规划图"。

抚今追昔，喜见旧貌变新颜，仅就所见，略述莲花池与北京城相互关系之原委如上，并以就教于方学者。是为记。

文／侯仁之

（中国科学院院士）

图书在版编目（CIP）数据

大家说园：园林文化与管理 / 陶鹰主编． —— 北京：
中国林业出版社，2014.8
ISBN 978-7-5038-7602-8

Ⅰ．①大… Ⅱ．①陶… Ⅲ．①园林艺术－中国－文集
Ⅳ．①TU986.62-53

中国版本图书馆CIP数据核字(2014)第171187号

中国林业出版社·建筑分社

策　　划：邵权熙　纪　亮
责任编辑：李丝丝　樊　菲　王思源
书籍设计：德浩设计工作室

出　　版：中国林业出版社
　　　　　（100009 北京西城区德内大街刘海胡同 7 号）
网　　址：http://lycb.forestry.gov.cn/
E －mail：cfphz@public.bta.net.cn
电　　话：(010) 8322 8906
发　　行：中国林业出版社
印　　刷：北京宝昌彩色印刷有限公司
版　　次：2015年1月第1版
印　　次：2015年1月第1次
开　　本：1/16
印　　张：15.5
字　　数：250千字
定　　价：38.00元